玉溪市耕地
生产障碍修复利用技术模式

玉溪市农业环境保护和农村能源工作站　组织编写

中国农业科学技术出版社

图书在版编目(CIP)数据

玉溪市耕地生产障碍修复利用技术模式／玉溪市农业环境保护和农村能源工作站组织编写. --北京：中国农业科学技术出版社，2023.11
ISBN 978-7-5116-6526-3

Ⅰ.①玉…　Ⅱ.①玉…　Ⅲ.①耕地保护-研究-玉溪　Ⅳ.①F323.211

中国国家版本馆 CIP 数据核字(2023)第 222992 号

责任编辑　周丽丽
责任校对　李向荣
责任印制　姜义伟　王思文

出 版 者	中国农业科学技术出版社
	北京市中关村南大街 12 号　邮编：100081
电　　话	(010) 82106638 (编辑室)　　(010) 82109702 (发行部)
	(010) 82109709 (读者服务部)
网　　址	https://castp.caas.cn
经 销 者	各地新华书店
印 刷 者	北京建宏印刷有限公司
开　　本	170 mm×240 mm　1/16
印　　张	10.5
字　　数	200 千字
版　　次	2023 年 11 月第 1 版　2023 年 11 月第 1 次印刷
定　　价	58.00 元

◆◆◆ 版权所有·翻印必究 ◆◆◆

《玉溪市耕地生产障碍修复利用技术模式》
编委会

主　编：岳志强　曾维庆　李淑娟　王帅兵
副主编：鲁　黎　黄晶心
编　委（按姓氏笔画排名）：
　　　　万惠芬　马艳敏　王帅兵　王迎春
　　　　王海波　王德林　牛玺朝　方成刚
　　　　史应仙　吕国宏　朱林立　刘青松
　　　　刘彦红　杜近松　李加生　李会华
　　　　李茂斌　李思翔　李晓霜　李淑娟
　　　　李裕江　杨　艳　杨　森　杨翠梅
　　　　吴国斌　吴绍良　张　诚　张劲梅
　　　　张秋雁　张淑萍　陈　俊　杭松江
　　　　罗云耀　岳志强　胡鹏飞　柏为才
　　　　禹　莉　施丽梅　贺子恒　郭　超
　　　　陶　润　黄四华　黄晶心　蒋　珊
　　　　鲁　黎　曾维庆　詹　唯　缪树龙

目　录

第一章　绪论 … 1
第一节　我国耕地生产障碍现状与特点 … 1
一、我国耕地生产障碍现状 … 1
二、我国耕地生产障碍因子与特征 … 3
三、耕地生产障碍的影响 … 6
第二节　耕地生产障碍修复利用工作进展 … 8
一、我国耕地土壤污染防治法规政策 … 8
二、我国耕地土壤污染防治工作发展历程 … 10
第三节　耕地生产障碍修复利用技术发展趋势 … 11
一、翻土和客土修复法 … 11
二、化学修复剂的使用 … 12
三、微生物修复 … 14
四、植物修复 … 14
第四节　推进耕地生产障碍修复利用的重要意义 … 15
参考文献 … 16

第二章　玉溪市农业生产与耕地生产障碍 … 18
第一节　玉溪市社会自然条件 … 18
第二节　玉溪市农业生产特点 … 19
第三节　玉溪市耕地生产障碍 … 20
第四节　玉溪市耕地生产障碍修复利用 … 22

第三章　重金属在土壤中的分布与运移 … 24
第一节　土壤镉污染与运移特征 … 24
一、土壤镉污染和分布特征 … 24
二、镉在土壤中的迁移转化 … 25

三、影响土壤镉运移的因素 …………………………………………… 25
　第二节　土壤铬污染与运移特征 …………………………………………… 26
　　一、土壤铬污染和分布特征 …………………………………………… 26
　　二、铬在土壤中的迁移转化 …………………………………………… 26
　　三、影响土壤铬运移的因素 …………………………………………… 28
　第三节　土壤铅污染与运移特征 …………………………………………… 30
　　一、土壤铅污染和分布特征 …………………………………………… 30
　　二、铅在土壤中的迁移转化 …………………………………………… 30
　　三、影响土壤铅运移的因素 …………………………………………… 31
　第四节　土壤砷污染与运移特征 …………………………………………… 32
　　一、土壤砷污染和分布特征 …………………………………………… 32
　　二、砷在土壤中的迁移转化 …………………………………………… 32
　　三、影响土壤砷运移的因素 …………………………………………… 33
　第五节　土壤汞污染与运移特征 …………………………………………… 35
　　一、土壤汞污染和分布特征 …………………………………………… 35
　　二、汞在土壤中的迁移转化 …………………………………………… 35
　　三、影响土壤汞运移的因素 …………………………………………… 37
　参考文献 ……………………………………………………………………… 38

第四章　重金属在土壤—植物系统中的迁移累积　42
　第一节　土壤—植物系统中镉的迁移与累积 ……………………………… 42
　　一、镉在植物体内的迁移 ……………………………………………… 42
　　二、镉在植物体内的累积 ……………………………………………… 43
　　三、影响植物吸收镉的因素 …………………………………………… 44
　第二节　土壤—植物系统中铬的迁移与累积 ……………………………… 46
　　一、铬在植物体内的迁移 ……………………………………………… 46
　　二、铬在植物体内的累积 ……………………………………………… 46
　　三、影响植物吸收铬的因素 …………………………………………… 47
　第三节　土壤—植物系统中铅的迁移与累积 ……………………………… 47
　　一、铅在植物体内的迁移 ……………………………………………… 47
　　二、铅在植物体内的累积 ……………………………………………… 47
　　三、影响植物吸收铅的因素 …………………………………………… 48
　第四节　土壤—植物系统中砷的迁移与累积 ……………………………… 50

一、砷在植物体内的迁移 …………………………………………… 50
　　二、砷在植物体内的累积 …………………………………………… 50
　　三、影响植物吸收砷的因素 ………………………………………… 51
　第五节　土壤—植物系统中汞的迁移与累积 ………………………… 51
　　一、汞在植物体内的迁移 …………………………………………… 51
　　二、汞在植物体内的累积 …………………………………………… 52
　　三、影响植物吸收汞的因素 ………………………………………… 52
　参考文献 …………………………………………………………………… 53
第五章　重金属污染土壤修复与利用技术 ………………………………… 56
　第一节　土壤镉污染修复与利用技术 ………………………………… 56
　　一、物理修复技术 …………………………………………………… 56
　　二、化学修复技术 …………………………………………………… 57
　　三、生物修复技术 …………………………………………………… 57
　第二节　土壤铬污染修复与利用技术 ………………………………… 58
　　一、物理修复技术 …………………………………………………… 58
　　二、化学修复技术 …………………………………………………… 59
　　三、生物修复技术 …………………………………………………… 60
　第三节　土壤铅污染修复与利用技术 ………………………………… 60
　　一、物理修复技术 …………………………………………………… 61
　　二、化学修复技术 …………………………………………………… 61
　　三、生物修复技术 …………………………………………………… 62
　第四节　土壤砷污染修复与利用技术 ………………………………… 62
　　一、物理修复技术 …………………………………………………… 63
　　二、化学修复技术 …………………………………………………… 64
　　三、生物修复技术 …………………………………………………… 65
　第五节　土壤汞污染修复与利用技术 ………………………………… 66
　　一、物理修复技术 …………………………………………………… 66
　　二、化学修复技术 …………………………………………………… 66
　　三、生物修复技术 …………………………………………………… 67
　参考文献 …………………………………………………………………… 67
第六章　玉溪市镉污染耕地生产障碍修复技术模式 …………………… 69
　第一节　低积累作物技术 ……………………………………………… 69

一、镉低积累作物调控机理 ·· 69
　　二、镉低积累作物选育方法 ·· 70
　　三、镉低积累作物品种 ·· 71
　　四、玉溪市镉低积累作物筛选 ·· 73
　第二节　叶面调控技术 ·· 75
　　一、叶面调控作用机理 ·· 76
　　二、水稻叶面调控技术应用 ·· 77
　　三、小麦叶面调控技术应用 ·· 79
　　四、蔬菜叶面调控技术应用 ·· 79
　　五、叶面调控技术在玉溪市的应用 ·· 80
　第三节　优化施肥技术 ·· 82
　　一、氮肥对作物镉吸收积累调控与应用 ···································· 83
　　二、磷肥对作物镉吸收积累调控与应用 ···································· 84
　　三、钾肥对作物镉吸收积累的调控 ·· 86
　　四、有机肥对作物镉吸收积累的调控 ······································ 87
　　五、玉溪市优化施肥技术应用 ·· 89
　第四节　原位钝化技术 ·· 90
　　一、钝化技术机理 ·· 91
　　二、钝化剂种类 ·· 91
　　三、原位钝化技术应用 ·· 92
　　四、原位钝化技术在玉溪市的应用 ·· 93
　第五节　石灰调节技术 ·· 95
　　一、石灰调节技术机理 ·· 95
　　二、石灰施用方式 ·· 96
　　三、玉溪市石灰调节技术应用 ·· 97
　参考文献 ·· 98

第七章　玉溪市铬污染耕地生产障碍修复技术模式 ······························· 108
　第一节　低积累作物技术 ··· 108
　　一、铬低积累作物调控机理 ··· 108
　　二、铬低积累作物品种 ··· 108
　　三、玉溪市铬低积累作物筛选 ··· 109
　第二节　优化施肥技术 ··· 110

  一、有机肥对作物铬吸收积累的调控与应用 …………………………… 111
  二、硒肥对作物铬吸收积累的调控与应用 …………………………… 111
  三、玉溪市优化施肥技术应用 ………………………………………… 112
 第三节 原位钝化技术 ……………………………………………………… 112
  一、钝化技术机理及特点 ……………………………………………… 113
  二、原位钝化技术应用 ………………………………………………… 115
  三、原位钝化技术在玉溪市的应用 …………………………………… 118
 参考文献 …………………………………………………………………………… 119

第八章 玉溪市铅污染耕地生产障碍修复技术模式 ……………………… 125
 第一节 低积累作物技术 …………………………………………………… 125
  一、铅低积累作物品种 ………………………………………………… 125
  二、玉溪市铅低积累作物筛选 ………………………………………… 127
 第二节 叶面调控技术 ……………………………………………………… 128
  一、叶面调控作用机理 ………………………………………………… 128
  二、粮食作物叶面调控技术应用 ……………………………………… 129
  三、蔬菜叶面调控技术应用 …………………………………………… 129
  四、叶面调控技术在玉溪市的应用 …………………………………… 130
 第三节 优化施肥技术 ……………………………………………………… 131
  一、氮肥对作物铅吸收积累的调控与应用 …………………………… 132
  二、钾肥对作物铅吸收积累的调控与应用 …………………………… 132
  三、有机肥对作物铅吸收积累的调控与应用 ………………………… 132
  四、玉溪市优化施肥技术应用 ………………………………………… 133
 第四节 原位钝化技术 ……………………………………………………… 133
  一、钝化剂种类 ………………………………………………………… 134
  二、原位钝化技术应用 ………………………………………………… 134
  三、玉溪市原位钝化技术应用 ………………………………………… 135
 参考文献 …………………………………………………………………………… 136

第九章 玉溪市砷污染耕地生产障碍修复技术模式 ……………………… 141
 第一节 低积累作物技术 …………………………………………………… 141
  一、砷低积累作物调控机理 …………………………………………… 141
  二、砷低积累作物选育方法 …………………………………………… 143
  三、砷低积累作物品种 ………………………………………………… 143

四、玉溪市砷低积累作物筛选…………………………………… 144
第二节　优化施肥技术………………………………………………… 145
　　一、优化施肥技术调控机理…………………………………… 145
　　二、优化施肥技术选用………………………………………… 146
　　三、玉溪市优化施肥技术应用………………………………… 147
第三节　原位钝化技术………………………………………………… 147
　　一、钝化技术机理……………………………………………… 147
　　二、钝化剂种类………………………………………………… 148
　　三、原位钝化技术应用………………………………………… 149
　　四、玉溪市原位钝化技术应用………………………………… 151
参考文献………………………………………………………………… 151

第一章　绪　论

耕地是指种植农作物的农用地,包括水田和旱地。水田是指筑有田埂(坎),可以经常蓄水,用来种植水稻、莲藕、席草等水生作物的耕地。旱地是指除水田以外的耕地,包括水浇地和无水浇条件的旱地。水浇地是指旱地中有一定水源和灌溉设施,在一般年景下能够进行正常灌溉的耕地。无水浇条件的旱地是指没有固定水源和灌溉设施,不能进行正常灌溉的旱地。

耕地是人类、动物以及微生物生存的基础条件,是粮食等农作物生产的"母体",同时也是经济、社会可持续发展的关键因素,更是国家、民族立足于全世界的保障。耕地质量是保障农产品安全生产的重要物质基础。我国耕地资源十分紧缺,2016年年底耕地总面积为1.35亿hm^2,合20.24亿亩[①],人均占有量不及世界平均水平的1/2,且总体质量不高,中低产田达到了2/3。

近年来,由于建设占用、灾毁、生态退耕、农业结构调整等原因,我国耕地面积保有量总体有所下降。同时,随着我国工业化、城市化和农业集约化的快速发展,各种来源的重金属元素通过降尘、施肥、灌溉等途径进入耕地,且数量逐年增加,造成我国局部地区耕地土壤重金属污染,耕地生产障碍问题日益突出。重金属污染不仅引起土壤的组成、结构和功能的变化,还抑制作物根系生长和光合作用,致使作物减产甚至绝收。更为重要的是,重金属还可能通过食物链迁移到动物和人体内,严重危害动物和人体健康。

第一节　我国耕地生产障碍现状与特点

一、我国耕地生产障碍现状

1999—2014年,历时15年的时间,中国地质调查局在国土资源部(2018

---

① 1亩≈667m^2,1hm^2=15亩。全书同。

年3月，国务院机构改革组建自然资源部，不再保留国土资源部）的领导和财政部的支持下，会同省级人民政府及国土资源主管部门，按照统一的技术标准和技术方法，精心实施了全国土地地球化学调查。其中调查耕地 0.92 亿 hm^2，占全国耕地总面积（1.35 亿 hm^2）的 68%。《中国耕地地球化学报告 2015》的调查结果显示，无重金属污染耕地达 0.85 亿 hm^2，占调查耕地总面积的 92.4%，而被重金属污染的耕地占调查比例达到 8.2%，如果按这一比例进行推算，则意味着在目前耕地总量下，我国受重金属污染的耕地面积达到了 0.11 亿 hm^2。其中受污染的耕地主要分布在苏浙沪区、湘鄂皖赣区、闽粤琼区和西南区（表 1-1）。

表1-1 全国无重金属污染耕地分布

地区	无污染耕地面积（亿 hm^2）	占调查耕地面积的比例（%）
全国	0.850 0	91.8
东北区	0.164 0	97.6
晋豫区	0.124 0	99.1
京津冀鲁区	0.150 0	99.1
闽粤琼区	0.028 0	78.9
青藏区	0.002 7	98.2
西北区	0.068 0	98.4
西南区	0.077 0	77.7
湘鄂皖赣区	0.134 0	82.1
苏浙沪区	0.100 0	91.2

而 2014 年《全国土壤污染状况调查公报》显示，即从 2005 年 4 月至 2013 年 12 月，由环境保护部（2018 年 3 月，国务院机构改革组建生态环境部，不再保留环境保护部）和国土资源部联合组织开展了首次全国土壤污染状况调查。其调查范围为中华人民共和国境内（未含香港特别行政区、澳门特别行政区和台湾地区）的陆地国土，调查点位覆盖全部耕地，部分林地、草地、未利用地和建设用地，实际调查面积约 630 万 km^2。调查结果显示，全国土壤总的点位超标率为 16.1%，其中轻微、轻度、中度和重度污染点位比例分别为 11.2%、2.3%、1.5% 和 1.1%。污染类型以镉、汞、砷、铜、铅、铬、锌、镍 8 种无机型为主，六六六、滴滴涕、多环芳烃 3 类有机污染物次之，复合型污染比重较小。其中无机污染物超标点位数占全部超标点位的 82.8%。而耕地土壤作为本次土壤污染调查的重点，调查范围实现了全覆盖，

其点位超标率高达 19.4%，超过了全国土壤的污染水平。其中轻微、轻度、中度和重度污染点位比例分别为 13.7%、2.8%、1.8% 和 1.1%，主要污染物为镉、镍、铜、砷、汞、铅、滴滴涕和多环芳烃。

中国地质调查局（2015）发布的中国耕地地球化学调查报告显示，重金属中—重度污染或超标的点位比例占 2.5%，覆盖面积 3 488 万亩；轻微—轻度污染或超标的点位比例占 5.7%，覆盖面积 7 899 万亩。污染或超标耕地主要分布在南方的湘鄂皖赣区、闽粤琼区和西南区。

在各种科研项目的资助下，我国科技工作者相继开展了一些区域性农用地土壤重金属污染状况的调查与监测工作。2002 年，南京环境科学研究所主持开展了"典型区域土壤环境"调查，其中，部分城市有近 40% 的菜地土壤重金属污染超标，其中 10% 属于严重超标；长三角有的城市连片农田受多种重金属污染，致使 10% 土壤丧失生产能力，以受镉污染和砷污染的比例最大，超过 0.4 亿 hm^2（蔡美芳等，2014）。2006 年，环境保护总局对 $30×10^4 hm^2$ 基本农田保护区土壤的重金属抽测了 $3.6×10^4 hm^2$，重金属超标率达 12.1%。宋伟等（2013）利用我国 138 个典型区域的耕地土壤重金属污染数据库，以《土壤环境质量标准》（GB15618—1995）中的二级标准作为评价标准，结果发现我国耕地土壤重金属污染概率为 16.67% 左右，据此推断我国重金属污染的耕地面积占耕地总量的 1/6 左右。其中尚清洁、清洁、轻污染、中污染和重污染比例分别为 68.12%、15.22%、14.49%、1.45% 和 0.72%；8 种土壤重金属元素中，Cd 污染概率为 25.20%，远超过其他几种重金属元素。浙江大学徐建明研究团队（2018）调查了长江中下游某地区污染较严重的 4.4 万亩农田土壤的重金属污染状况，发现主要超标元素为 Cd 和 Cu，轻微、中轻度和重度 Cd 污染土壤面积分别占 45.62%、12.3% 和 1.74%。

综上所述，我国耕地土壤重金属污染生产障碍的总体形势不容乐观，其中以西南、中南、长江三角洲和珠江三角洲等地区污染最为突出。2017 年 8 月，环境保护部、财政部、国土资源部、农业部（2018 年 3 月，国务院机构改革组建农业农村部，不再保留农业部）、国家卫生和计划生育委员会（2018 年 3 月，国务院机构改革撤销国家卫生和计划生育委员会）五部委联合部署土壤污染状况详查，要求于 2018 年年底前查明农用地土壤污染的面积、分布及其对农产品质量的影响。

二、我国耕地生产障碍因子与特征

（一）耕地规模缩小与质量偏低并存

"将饭碗牢牢端在自己手上"是党的十八大以来实施的粮食安全战略，其中最重要的基础就是守住18亿亩耕地红线不动摇。国务院第三次全国国土调查领导小组办公室、自然资源部、国家统计局发布《第三次全国国土调查主要数据公报》。数据显示，到2019年年底全国耕地19.179亿亩，实现了规划确定的耕地保有量目标。但与第二次国土调查相比，减少了1.13亿亩耕地。与此同时，全国建设用地6.13亿亩，较第二次国土调查增加1.28亿亩。全国耕地质量等级评价结果显示：2014年我国拥有的优等地和高等地资源分别占耕地的比例为2.9%、2.5%，中、低等地的比例分别为52.9%、17.7%。中低等地的比例高达70.6%，耕地质量水平总体偏低。

（二）污染成因复杂多样

我国耕地土壤受重金属污染的成因复杂，包括自然的成土母质条件、人为的污染因素及自然与人为因素的叠加作用等。

从区域大尺度上看，自然因素的影响比较明显，成土母质和母岩等地球化学属性直接影响土壤中重金属的含量。调查资料显示（赵其国等，2015），不同类型母质发育的土壤重金属含量差异很大，火成岩和石灰岩母质发育的土壤中 Cd、As、Hg 和 Pb 平均含量显著高于风沙母质土壤。瞿飞等（2020）在黔东南黄平县分别采集典型砂页岩、老风化壳、石岩、页岩、河流冲积物、泥岩6种不同母质发育的土壤样品257个，结果显示，不同母质土壤流冲积物老风化壳>泥岩>砂页岩>页岩，Cr 含量为老风化壳>泥岩>页岩>石灰岩>砂页岩>河流冲积物，Hg 含量为石灰岩>泥岩>砂页岩>河流冲积物>老风化壳>页岩，As 含量为泥岩>石灰岩>老风化壳>砂页岩>页岩>河流冲积物，Pb 含量为泥岩>老风化壳>石灰岩>砂页岩≈页岩>河流冲积物。成土过程中元素的次生富集作用也是造成我国中南、西南高背景地区土壤中 Cd、As、Hg 和 Pb 等重金量高的重要原因。例如，贵州地表土壤与沉积物中 Cd 的地球化学背景值为0.31 mg/kg，是我国平均水平的2.5~3.5倍（何邵麟等，2004）。长江三角洲自然土壤中 As、Co、Cr、Ni 和 Zn 等元素含量高于珠江三角洲自然土壤中对应的元素含量。

在长三角、珠三角、环渤海和华北城郊区域等局部范围内，耕地土壤重金属含量异常往往是人为因素的影响。在大中城市郊区，大气沉降和污水灌溉是城市工业和交通源重金属进入农田土壤的最主要途径。

（三）耕地污染隐蔽性强

耕地污染的来源主要有物理污染、化学污染、生物污染及放射性污染。既有直接人为污染，如过量施用化肥、使用白膜、农业机械的使用等农业生产行为，也有间接人为污染，如废气、废物的大量排放等生活、工业采矿及生产行为。而土壤污染的主要原理是不易挥发或降解的污染物在地面的沉积，当污染物的数量或规模超过了土壤自身的自净能力则表现为污染，这种污染并不会直接作用于人体，往往通过耕种于地面的植物，通过直接或者间接被人们食用的方式，影响人体健康，而这种结果的表现往往也要通过较长的时间才表现出来，不同于大气污染和水污染，这两类污染往往可直接被人体吸收，因为此两类污染引起的人体不适很容易被迅速反映出来。相对大气污染和水污染而言，耕地污染隐蔽性较强。另外，耕地污染很大程度上需要借鉴专业的技术手段才能判别。受污染的耕地同样可以进行耕种，对于耕种出来的农产品质量人们无法通过肉眼进行识别，可以说，没有专业的检测设备和技术手段是难以判别土壤污染状况的。

（四）空间分布异质性强

我国幅员辽阔，不同区域土壤重金属背景值和累积量差异较大（陈卫平等，2018）。《第三次全国国土调查主要数据公报》显示，从污染分布情况看，南方土壤污染重于北方；长江三角洲、珠江三角洲、东北老工业基地等部分区域土壤污染问题较为突出，西南、中南地区土壤重金属超标范围较大；镉、汞、砷、铅4种无机污染物含量分布呈现从西北到东南、从东北到西南方向逐渐升高的态势。而2015年中国耕地地球化学报告显示，污染或超标耕地主要分布在南方的湘鄂皖赣区、闽粤琼区和西南区。湘江上游地区、西南岩溶区等重金属超标，80%以上由区域地质高背景与成土风化作用引起。

人类活动是造成或加剧重金属超标的重要原因。采矿、冶金、电镀等工矿企业"三废"排放，以及农业生产中污水灌溉、化肥的不合理使用、畜禽养殖等人类活动造成或加剧了局部地区耕地重金属污染。

（五）土壤类型差异明显

我国土壤类型多样，由于土壤条件、气候条件和耕作管理水平的不同，不同类型土壤理化性质差异较大，进一步加剧了耕地土壤重金属污染的多样化格局（陈卫平等，2018）。罗小玲等（2014）通过对珠江三角洲地区典型农田和菜地两种耕地土壤重金属污染现状进行监测与评价，发现工业型农村的耕地以铜超标为主（超标率22.2%），种植型农村的耕地以Cd超标为主（超标率16.7%），其余重金属超标率低或不超标。Rafiq et al.（2014）对我国7种典型农田土壤Cd活性进行研究，结果显示酸性土壤类别中，富铝土中交换态Cd含量约为黄壤中交换态Cd含量的4倍。黄颖（2018）研究发现，不同耕作方式对重金属的影响存在一定差异，Cd、Hg、Pb、Cu、Zn在蔬菜地和水稻田中含量较高，在旱地和园地含量较低，而Cr、As、Ni 3种元素在园地含量最高，在其他类型土壤较低。

（六）污染治理状况复杂

耕地污染往往呈现出点源污染与面源污染相结合的特征，在大气和水的双重作用下，更易呈现出面源污染的特征。大气污染、水污染也是耕地污染的重要原因，大气污染通过降雨作用于地表，引起地表土壤质量下降，如酸雨对土壤的破坏。尤其是现今情况下，大气中有毒元素的沉降是极其重要的污染途径。而水污染将污染源的污染面积进一步扩大，有毒有害物质通过水流的作用再扩散并沉积到其他土地当中。有数据显示，全球约90%的污染物最后都滞留在土壤里，土壤成为各类污染物的最终"归宿"。相对大气污染和水污染这种点源污染为明显特征的污染，耕地污染治理更为复杂，一方面要对已经污染的耕地进行修复，同时要对导致耕地污染的大气污染和水污染进行有效控制，防止耕地再次污染或者耕地污染治理工作的低效率。另一方面，耕地污染修复保护的是农作物，而我国耕地污染主要是重金属污染，而耕地修复应该是一个综合生态系统工程，不是简单的土壤修复。

我国不同地区复杂的地质结构及经济发展模式，导致不同地区耕地污染的原因错综复杂，农田修复必须要结合当地的生态环境特征，因地制宜，在污染源治理、物种选择、种植模式、土壤改良和重金属修复等方面要同时整体考量。因此，耕地污染治理更为复杂。

三、耕地生产障碍的影响

（一）影响农产品质量

土壤重金属进入植物体后，可通过抑制一些蛋白酶的活性、在植株细胞中产生活性氧（Reactive oxygen species，ROS）损坏细胞抗氧化系统，导致细胞受损或死亡等，从而影响植株正常生长发育，导致农产品的产量下降，严重时，甚至绝收。例如，Cd胁迫会导致细胞质膜的透性发生变化，影响矿质营养元素的吸收，导致植株体内营养元素含量和成分的改变。水稻极易吸收并积累镉，而积累过量镉会导致严重的毒性效应，影响植株的光合色素含量、呼吸强度、蒸腾和光化学效率，从而严重影响水稻的生长并导致其减产，稻米品质劣变（胡婉茵等，2021）。在盆栽实验条件下，Cd胁迫显著降低了水稻的产量、穗数和结实率，但粒重受影响不显著（陈京都等，2013）。

耕地土壤受到重金属污染，不可避免地会影响农产品的质量。近年来，我国部分地区有时会发生"镉米"事件。农业农村部稻米及制品质量监督检验测试中心对我国部分地区稻米质量安全普查结果表明，约有10%稻米Cd含量超过我国相关标准中限定标准值。

(二) 造成经济损失

据估算，我国每年因重金属污染的粮食达 1 200 万 t，造成的直接经济损失超过 200 亿元。土壤污染治理周期很长，一个 10 hm² 的工业废地，完成净化通常要 15 年左右。以美国治理污染场地的实践经验来看，净化 10 hm² 的工业污染土地（相当于 1/4 天安门广场），需要花费近 5 000 万美元，折合人民币 3 亿元左右。对于已经污染的耕地而言，由于原始污染责任主体的变更、消失等情况，难以追究污染责任，又因为耕地污染的治理具有公共产品的特性，因此现有已经污染的耕地治理责任自然由政府部门来承担。不仅如此，因土壤污染每年造成的粮食减产也相当大，全国每年由耕地污染而造成的粮食减产达到 1.25×10^9 kg。如果将污染土壤进行修复，所需的资金非常惊人。据《经济观察报》报道，全国有 5 000 多万亩土壤受到重金属等的中重度污染。因此，我国污染耕地土壤修复所需资金数额巨大，仅对受重金属污染的耕地土壤而言，即便选择土壤修复成本较低的植物修复技术，单位治理成本为 100~500 元/t，直接治理成本 3.1 万亿~15.6 万亿元。

(三) 危害人体健康

耕地土壤污染会使污染物在粮食、蔬菜等农产品中积累，并通过食物链富集到人体和动物体中，危害人畜健康，引发癌症和其他疾病等。近几年来农村恶性肿瘤呈高发态势，这与农村农用水及饮水质量不断恶化有着不可分割的联系。全国每分钟就有 6 人被确诊为癌症，5 人死于癌症，每天有 8 640 人成为癌症患者，全国癌症发病形势严峻，每年新发癌症约 350 万人。作为人们特别关注的重金属镉，可以在人体内堆积，当人体血液中达到 10 mg/L 的时候，就已经是血镉了；当人体内累积超过 2 g 时，对肾脏骨骼造成严重危害。

(四) 导致生态问题

土壤污染影响植物、土壤动物和微生物的生存和繁衍，危及正常的土壤生态过程和生态系统服务功能。研究表明，土壤重金属对蚯蚓、线虫等无脊椎动物的数目、丰富度、生物数量和群体构成等有直接影响。

耕地具有点源污染和面源污染相结合的特征，不仅要求对耕地本身进行污染治理，同时要进行大气污染与水污染的综合治理。农田土地受到污染后，含重金属浓度较高的污染表土容易在风力和水力的作用下分别进入大气和水体中，导致大气污染、地表水污染、地下水污染和生态系统退化等其他次生生态环境问题。

第二节 耕地生产障碍修复利用工作进展

一、我国耕地土壤污染防治法规政策

20世纪80年代,中国开始关注矿区土壤、污灌和六六六、滴滴涕农药大量使用造成的耕地污染等问题,逐步将土壤污染防治纳入环境保护重点工作,开展了一系列基础调查,出台土壤污染防治相关管理政策,逐步建立了土壤污染风险管控体系。根据土壤污染防治政策研究进展,将中国土壤环境管理发展历程划分为4个阶段。

(一)"六五"至"八五"时期:土壤环境基础调查

随着经济社会迅速发展,土壤污染问题越来越受到社会关注,我国1979年颁布的《中华人民共和国环境保护法(试行)》最早在立法中涉及保护土壤、防治污染的要求:推广综合防治和生物防治,合理利用污水灌溉,防止土壤和作物的污染。"六五""七五"期间,相关部门在国家科技攻关项目支持下开展了农业土壤背景值、全国土壤环境背景值和土壤环境容量等基础研究,编辑出版了《中国土壤元素背景值》和《土壤环境背景值图集》;在此基础上,制定了《土壤环境质量标准》(GB 15618—1995),填补了中国土壤环境质量标准的空白。此外,还颁布了《农用污泥中污染物控制标准》(GB 4284—1984)、《城镇垃圾农用控制标准》(GB 8172—1987)、《农用粉煤灰中污染物控制标准》(GB 8173—1987)等农用地土壤污染源防控技术标准。

(二)"九五"至"十五"时期:农用地土壤污染治理

中国人口基数大,耕地面积小,对土壤环境关注的重点是提高土壤肥力、增加粮食产量,因此该阶段土壤污染防治的重点仍然是农用地。《国家环境保护"十五"计划》提出了防止农作物污染、确保农产品安全的土壤污染防治具体措施,例如,开展全国土壤污染调查和污染防治示范,建立农产品安全检测和监管体系;土壤污染防治要求也零散出现在《基本农田保护条例》《固体废物污染环境防治法》《农药管理条例》等相关法规中。针对农产品产地环境质量管理,2001年起,中国环境监测总站组织开展"菜篮子"基地、污水灌溉区和有机食品生产基地土壤环境质量专项调查工作,为农用地土壤污染治理提供了基础支撑。此外,开展了土壤污染防治与修复技术相关技术标准研究,发布实施《工业企业土壤环境质量风险评价基准》(HJ/T 25—1999),制定了一批土壤环境监测分析方法,有效提升了中国土壤环境管理水平。

（三）"十一五"至"十二五"时期：土壤污染状况调查和试点示范

该阶段土壤污染防治逐渐成为环境保护工作的重点，相关政策部署相继出台，并开展了一系列土壤污染状况调查、治理试点示范等工作。2008年，国家环保总局在北京召开第一次全国土壤污染防治工作会议，要求切实解决当前突出的土壤环境问题；同年6月，环境保护部印发《关于加强土壤污染防治工作的意见》，提出开展农用土壤环境监测评估与安全性划分、全国土壤污染状况调查、土壤修复与综合治理试点示范等具体任务。此后，《重金属污染综合防治"十二五"规划》《国务院关于加强环境保护重点工作的意见》《国家环境保护"十二五"规划》等均对土壤污染防治提出明确要求。2013年，国务院办公厅印发《近期土壤环境保护和综合治理工作安排》，土壤污染防治工作逐步提上重要议事日程。为掌握全国土壤污染状况，2005—2013年，环境保护部、国土资源部联合开展了首次全国土壤污染状况调查，从国家尺度上初步摸清了土壤污染状况。"十二五"期间，开展了土壤环境质量例行监测试点，分别对污染企业周边、基本农田区（粮棉油）、蔬菜基地、集中式饮用水源地和规模化畜禽养殖场周边开展监测。同时，在大中城市周边、重金属污染防治重点区域等开展土壤污染治理与修复试点示范。此外，环境保护部组织开展了"污染土壤修复与综合治理试点"专项研究，国家"863计划"支持开展了"典型工业污染场地土壤修复关键技术研究与综合示范"，实施了一批土壤污染治理与修复示范项目。

（四）"十三五"时期：土壤污染风险管控

2016年，国务院印发《土壤污染防治行动计划》，这是中国土壤环境管理领域的纲领性文件，对今后一个时期中国土壤污染防治工作做出了全面部署。2018年，中共中央国务院印发《关于全面加强生态环境保护 坚决打好污染防治攻坚战的意见》，将净土保卫战纳入污染防治三大保卫战之一。2020年2月，国家发展改革委印发《美丽中国建设评估指标体系及实施方案》，将土壤安全纳入美丽中国建设评估指标。根据国内外土壤污染防治经验，中国建立了以风险管控为核心的土壤污染防治体系，出台了《中华人民共和国土壤污染防治法》，填补了中国土壤污染防治领域法律空白；出台了污染地块、农用地、工矿用地土壤环境管理办法等部门规章，土壤污染责任人认定办法、农用地、建设用地土壤污染风险管控标准，以及建设用地风险管控等系列技术导则，建立了"一法两标三部令"土壤污染防治法规标准体系；完成农用地土壤污染状况详查和重点行业企业用地土壤状况调查，基本掌握全国土壤污染底数；建成覆盖不同地区、不同类型的土壤环境监测网络，基本摸清了耕地污染的现状和空间分布。上述工作有力提升了中国受污染耕地安全利用和建设用地风险管控水平。

二、我国耕地土壤污染防治工作发展历程

我国在土壤污染防治方面的工作可以分为以下3个阶段：第一阶段（1949—1978年），工作重点是提高土壤肥力和增加粮食产量；第二阶段（1979—1992年），开始关注土壤污染问题；第三阶段（1993年至今），开始防治土壤污染，尤其关注土壤环境的风险管理和风险控制（蔡美芳等，2014）。近年来，党中央和国务院高度重视土壤重金属污染防治与粮食安全生产，明确将"保护耕地资源，防治耕地重金属污染"作为《全国农业可持续发展规划（2015—2030年）》的重点任务。党的十九大报告中提出要强化土壤污染管控和修复，加强农业面源污染防治，确保国家粮食安全等。

当前，我国土壤污染防治法规标准体系和工作机制基本构建成型，全国土壤环境风险管控进一步强化，耕地周边工矿污染源得到了有力整治，土壤污染加重趋势得到初步遏制，土壤生态环境质量保持总体稳定，净土保卫战取得了积极成效。主要成果体现在以下4个方面。

一是扎实推进全国土壤污染状况详查等基础工作，这为土壤污染风险管控奠定坚实基础。生态环境部会同农业农村部、自然资源部初步建成国家土壤环境监测网，基本实现所有土壤类型、县域和主要农产品产地全覆盖。10个部委签署数据资源共享协议，共同建立全国土壤环境信息平台。

二是推动农用地土壤污染风险管控。配合农业农村部开展耕地土壤环境质量类别划分试点，印发了《农业农村部办公厅、生态环境部办公厅关于进一步做好受污染耕地安全利用工作的通知》，全国多数省（区、市）编制了受污染耕地安全利用方案。农业农村部组织在部分省份开展了受污染耕地安全利用试点和特定农产品种植结构调整区划的定试点。

三是切实强化污染源头管控。生态环境部组织会同农业农村部等部门部署开展涉镉等重金属重点行业企业排查整治三年行动，切断了污染物进入农田的链条。

四是深入开展土壤污染综合防治试点示范。积极推进土壤污染综合防治先行区建设，浙江台州、湖北黄石、湖南常德、广东韶关、广西河池、贵州铜仁6个先行区在土壤污染源头预防、风险管控、治理修复、监管能力建设等方面先行先试，探索经验。例如，广西河池结合当地种桑养蚕产业的发展，将600余亩污染耕地改种桑树，实现了农用地的安全利用等。

第三节 耕地生产障碍修复利用技术发展趋势

土壤本身具有一定的自净能力。在土壤矿物质、有机质和土壤微生物的作用下，进入土壤的重金属通过吸附、沉淀、配位和氧化还原等作用可转变为难溶性化合物，使其暂缓生物循环，减少了在食物链中的传递。重金属污染物的上述过程称为土壤净化，土壤生态系统是一个高效的"过滤器"，但其自身的净化能力和速率通常满足不了污染给环境造成的压力，因此人们需要重视土壤污染治理和修复技术的研究。耕地生产障碍修复利用的概念可一般理解为通过技术手段促使受污染的土壤恢复其基本功能和重建生产力的过程。

污染土壤修复的方法颇多，但必须慎重评估其在修复过程中的适用性，在不同修复阶段应该选择合适、经济和有效的土壤修复技术。成本、时间、长效性、公众接受度，以及高污染和多元素污染的适用性等都是影响各种修复技术选用的重要因素；同时，还必须考虑对土壤健康的整体效应，因而确定具体对象的最优修复技术面临很大的挑战。

从修复的原理来考虑，大致可分为物理修复、化学修复和生物修复三大类。物理修复是指以物理手段为主体的移除、覆盖、稀释和热挥发等污染治理技术。化学修复是指利用外来的，或土壤自身物质之间的，或环境条件变化引起的化学反应来进行污染治理的技术。生物修复是指一切以利用生物为主体的环境污染治理技术，包括利用植物、动物和微生物吸收、降解和转化土壤中的污染物，使污染物的浓度降到可接受的水平；或将有毒、有害污染物转化为无害的物质。然而，在修复实践中，人们很难将物理、化学和生物修复截然分开，因为土壤中所发生的反应十分复杂，每一种反应基本上均包含了物理、化学和生物学过程，因而上述分类仅是一种相对的划分。

一、翻土和客土修复法

土壤污染物通常集中于表层，例如，沈阳张士灌区土壤剖面中的镉含量大部分都累积在 0~30 cm 土层，尤以 0~10 cm 内的含量最高。翻土法就是深翻土壤，使聚集在表层的重金属污染物分散到较深的层次，达到稀释的目的。该法适用于土层较深厚的土壤，且要配合增加施肥量，以弥补根层养分的减少。客土法包括：①混合，是在污染土壤中加入大量的干净土壤与原有的土壤混匀，使污染物浓度降低到临界危害浓度以下；②覆盖，将干净客土覆盖于污染土表层，以减少污染物与植物根系的接触，从而达到减轻危害的目的；③换土，即将污染土壤层移除，以客土替代。对于浅根植物（如水稻等）和移动性较差的污染物，采用覆盖的客土法较好。客土应尽量选择比较黏重或有机质含量高的土壤，以增加土壤对污染物的负载容量，增强土壤的自净能力。江西德兴铜矿区的污染土壤经客土并进行植被恢复和重建3年后，表层土壤的有机质和速效磷、速效钾均有不同程度的提高（陈怀满等，2005）。

换土和客土覆盖工程措施对污染土壤的治理效果相对较好，且在当年就能表现出来，但是其人力、物力和财力耗费量较大。一个值得注意的问题是，翻土深耕往往会破坏土壤结构、降低表层土壤的有机质和养分状况，从而带来负面影响；水田翻耕是一个重金属活化、再分布和表面富集过程，有可能造成负面影响（陈能场，2015），所以在大规模推广改良或者治理措施时，应该认真地进行论证和验证，以达到对症下药之效果。另外，客土法换出的污染土壤应妥善处理，以防止二次污染。

二、化学修复剂的使用

化学修复剂的应用是化学修复的主要措施，是基于重金属污染物土壤化学行为的改良措施，如通过添加改良剂、抑制剂等化学物质来降低土壤中污染物的水溶性、扩散性和生物有效性，从而使污染物得以降解，或者转化为低毒性或移动性较低的化学形态，以减轻污染物对生态和环境的危害。化学修复剂的作用主要包括沉淀、吸附、氧化—还原、催化氧化、质子传递、脱氯、聚合、水解和pH值调节等（孙铁行等，2001）。其中，氧化—还原能够修复包括重金属在内的多种污染物污染的土壤，它主要是通过氧化剂和还原剂的作用产生电子传递，从而降低土壤中存在的污染物溶解度或毒性。

（一）无机钝化剂

污染土壤的无机钝化材料主要分为以下几种：石灰和碳酸盐及矿物（碳酸钙镁）、含磷材料（磷灰石、磷酸钙、过磷酸钙和磷酸盐等）、硫化物、含硅材料（硅肥、粉煤灰、硅酸盐及硅酸盐类黏土矿物等）、金属和金属化合物（氢氧化铁、硫酸亚铁、硫酸铁、针铁矿、零价铁和赤泥等），以及新型材料（介孔材料和纳米材料等），其中，石灰、碳酸盐矿物和含磷材料是最常用和最有效的重金属钝化剂。

一般来说，在镉、铅、铜污染的土壤中，施用石灰性物质，可提高土壤的pH值，使重金属生成氢氧化物沉淀，降低其在土壤中的活性，减少作物对重金属的吸收（Yu et al.，2016）。因此，对于受重金属污染的酸性土壤，施用石灰、高炉渣、矿渣和粉煤灰等碱性物质，或配施钙镁磷肥、硅肥等碱性肥料，能降低重金属的溶解度，从而可有效地减少重金属对土壤的不良影响，降低植物体内的重金属浓度；通过离子间的拮抗作用来降低植物对污染物的吸收。施入石灰硫黄合剂等含硫物质，能使土壤中的重金属形成硫化物沉淀。在一定条件下施用碳酸盐、磷酸盐和氧化物质都能促进沉淀形成。对于铅污染的土壤，施用磷灰石可使污染土壤中的水溶性铅减少 56.8%~100%。而对于一些以阴离子形态存在的重金属，在土壤呈碱性时，其溶解度增加，对作物的毒害也增大，因而应选用酸性钝化剂，例如，对受污染的土壤应投加 $FeSO_4$ 或 $Fe_2(SO_4)_3$，它们在一定程度上可使土壤酸化，同时形成铁与钙的共沉淀，从而抑制作物对钙的吸收和迁移。

钝化剂的吸附作用也能降低土壤中重金属的生物有效性。研究表明，用膨润土、合成沸石等硅铝酸盐作添加剂，可以钝化土壤中的镉等重金属，显著降低镉污染土壤中作物的镉浓度。土壤 Cd 的浓度为 49.5 mg/kg 时，加入相当于土壤重量 1%~2% 的合成沸石可使莴苣叶中的镉浓度降低 60%~88%。

介孔材料和纳米材料由于具有独特的表面结构和组成成分，在较低的施加水平下就有较好的修复效果。Xing et al.（2016）研究表明，微米/纳米羟基磷灰石对土壤铜、镉的吸附固定作用均高于常规粒径的羟基磷灰石，这可能与低粒径材料较大的比表面积有关。目前，纳米材料的高成本、低稳定性因素限制了其在重金属污染土壤修复中的大规模应用。因此，可考虑将常规材料进行纳米化，甚至进行改性来达到增强钝化效果的作用。

（二）有机钝化剂

有机钝化材料中常常含有一些羟基（-OH）、羧基（-COOH）或者甲氧基（-OCH$_3$）等活性基团。土壤中的溶解性有机质还能作为载体与土壤、水或沉积物中的游离的重金属离子进行离子交换、螯合/配位等，影响重金属离子在土壤中的吸附和解吸，改变重金属的最终形态。常用的有机钝化材料主要包括畜禽粪便堆肥、作物秸秆、泥炭、豆科绿肥和生物炭等。施用腐殖酸类肥料和其他有机肥料可以增加土壤中的腐殖质含量，使土壤对有机污染物和重金属的吸附能力增强，通过氧化还原作用和增强微生物活性促使有机污染物降解，从而减少植物的吸收和环境影响。生物炭是指生物质在无氧或缺氧条件下热裂解得到的一类含碳的、稳定的、高度芳香化的固态物质，在土壤修复中备受关注（李江遐等，2015；许妍哲，2015；唐行灿，2014；石红蕾，2014；仓龙，2012）。生物炭作为高品质能源和土壤改良剂，可在一定程度上为气候变化、环境污染和土壤功能退化等全球关切的热点问题提供解决方案。制备生物炭的常用原料主要有农业废物（如秸秆）、木材及城市生活有机废物（如垃圾、污泥）。

由于对土壤吸附能力影响的因素比较多，而且吸附机制比较复杂，一般是几方面的综合作用影响溶解性有机物质对土壤重金属的吸附。因此，在施用有机改良剂进行土壤重金属修复时要根据重金属的种类和浓度合理添加有机物料，以达到修复的效果。

三、微生物修复

利用微生物修复受重金属污染的土壤（Yu，2016），主要依靠微生物降低土壤中重金属的毒性，或者通过微生物来促进植物对重金属的吸收等其他修复过程。重金属污染的微生物修复包含两方面的技术，即生物吸附和生物氧化、还原。前者是重金属被活的或死的生物体所吸附的过程；后者则是利用微生物改变重金属离子的氧化、还原状态来降低其在环境中的有效性或毒性水平。与有机污染的微生物修复相比，关于重金属污染的微生物修复方面的研究对多种技术的协同效应更为重视。

在有毒金属离子中，以铬污染的微生物修复研究较多。在好氧或厌氧条件下，有许多异养微生物能够催化 $Cr(Ⅵ)$ 转化为 $Cr(Ⅲ)$，另一些 Fe^{3+} 还原细菌可以把 Co^{3+}-EDTA 中的 Co^{3+} 还原成 Co^{2+}，因为放射性 Co^{3+}-EDTA 的水活性很高，而 Co^{2+} 与 EDTA 结合较弱，可使钴的移动性降低，因此，具有较大的实际应用价值。除通过还原金属离子形成沉淀以外，微生物还可以把一些金属还原成活性的或挥发性的形态。例如，一些微生物可以将非活性态的 Pu^{4+} 还原成活性态的 Pu^{3+}，一些微生物可以将 Hg^{2+} 还原成挥发性的 HgO。

四、植物修复

重金属不同于有机物，它不能被生物所降解，只有通过生物吸收才能从土壤中去除。用微生物进行大面积现场修复时，不仅微生物吸收的金属量较少，而且富集重金属的微生物的后处理也比较困难。植物具有生物量大且易于后处理的优势，因此，植物修复是解决重金属污染问题的一个有效手段。植物主要通过植物富集、植物挥发和植物钝化/稳定等方式去除土壤中的重金属离子或降低其生物活性。

（一）植物富集

植物富集也称植物提取、植物吸收或植物捕获，这种技术是利用植物从生长介质中吸收重金属，并将其转运到可收割的部位；将收割后的富集部位用适当的物理、化学或生物方法进行处理，可减少植物的体积或重量，以达到降低后续加工和处置成本的目的。

（二）植物挥发

植物可以从土壤中吸收污染物，并将其转化为气态物质释放到大气中，它适用于有机污染物和一些重金属，植物将硒、砷和汞等甲基化后，形成可挥发性的分子，释放到大气中去。虽然在一定条件下植物挥发可减少土壤对一些元素的污染负荷，但却是植物修复中最有争议的措施，因为存在明显的污染转移问题，而且没有有效的控制措施。

（三）植物钝化/稳定

植物固定或稳定化是利用植物来固定或沉淀土壤中的有毒金属，以降低其生物有效性，并防止其进入地下水和食物链，从而减少其对环境和人类健康的威胁。植物在污染元素固定中有两种主要功能，即保护污染土壤不受侵蚀，减少土壤渗滤以防止污染物的淋溶；通过在根部累积和沉淀对污染物起到固定或稳定化作用。

植物固定或稳定化技术可用于采矿、冶炼厂和污泥等污染土壤的修复，这方面最有应用前景的案例是铅的固定。铅的磷酸盐矿物比较难溶，难以为生物所利用，但它在自然界中的形成速度却很慢；然而植物可以加速磷酸铅矿物的形成，缓解铅对生物的毒害作用（Cunningham et al.，1995）。此外，含磷物质能够诱导铅在植物根表面发生形态变化而形成 $Pb_5(PO_4)_3Cl$ 与 $Pb_5(PO_4)_3OH$ 沉淀，降低铅的生物有效性（李维立等，2014）。

植物固定或稳定化是利用植物来促进重金属转变为低毒性形态的过程。在这一过程中，土壤的重金属含量并不减少，只是形态发生变化而暂时钝化，使其对生物的毒害作用降低，但没有彻底解决环境中的重金属污染问题。如果环境条件发生变化，重金属的生物有效性可能又会发生改变，因此，植物固定或稳定化不是一个彻底去除重金属污染的方法。

第四节　推进耕地生产障碍修复利用的重要意义

人民日益增长的美好生活需要与现有资源的不平衡不充分，成为目前我国国民经济快速发展阶段的主要矛盾。耕地资源保障人民粮食安全，同时也是维护祖国稳定统一，然而我国耕地人均面积少、高标准农田比例少、耕地储备不足，以及城市发展对建设用地的需求，使耕地保护面临的形势更加严峻。土壤重金属污染减少了耕地数量，降低了耕地质量，有效开展土壤重金属污染防治，可以进一步保障耕地安全，维护人类健康。

通过对国内外农用地土壤重金属污染防治经验和管控措施的借鉴利用，可以有效提升我国耕地质量，提升资源利用效率，保证国家粮食安全，协同推进人民富裕、国家富强、中国美丽的人与自然和谐发展局面。目前，导致土壤污染持续扩大的几大原因主要包括：缺少专门的土壤污染防治法律、土壤污染防治标准不完善、土壤污染防治部门不得力。必须实行最严格的环境保护制度，研究农用地土壤重金属污染立法，建立完善的法律体系，做到有法可依，并通过法律责任的约束，加以改善和恢复受污染土壤的环境质量。健全农用地土壤污染管理机构体系，建立水环境、大气环境污染管理机构部门间共同参与、协调合作机制，发挥公众的监督作用，联合其他有关政府机构、社区、居民、企业共同参与土壤污染治理、修复，有助于进一步落实形成政府、企业、公众共治的环境治理体系，实现土壤环境安全管理的管理机构和社会广泛参与。研究制定农用地土壤重金属污染防治标准体系，提高其科学性和适用性，建立全国统一全面覆盖的实时在线环境监测监控体系，加强有毒害化学物质环境和健康风险评估能力建设等措施，实施环境风险全过程管理，对最终实现农用地土壤重金属污染的修复治理和合理利用，保障18亿亩耕地红线，保证国家粮食安全有着重要的意义，对提高我国耕地质量等级，维护公众身体健康也有着不可代替的作用。

农田重金属污染不仅增加了环境保护治理成本，也使社会稳定成本大增，而农田重金属污染修复所需的费用更是天价，再加上我国目前土壤重金属污染底数不清、土壤修复相关法律和标准缺失，土壤重金属污染治理尤其是农田的重金属污染防治任重道远。构建土壤重金属尤其是农田重金属污染控制技术方法和实用模式，推进耕地生产障碍修复利用对确保粮食安全、维护社会稳定、指导和推进我国农田重金属污染防治有重要意义。

参考文献

陈怀满，郑春荣，周东美，等，2005. 德兴铜矿尾矿库植被重建后的土壤肥力状况和重金属污染初探 [J]. 土壤学报，42（1）：29-36.

陈怀满，2000. 土壤重金属污染生物修复的研究进展 [J]. 农村生态环境，16（2）：39-44.

李江遐，吴林春，张军，等，2015. 生物炭修复土壤重金属污染的研究进展 [J]. 生态环境学报，24（12）：7.

李维立，方月英，赵玲，等，2014. 含磷物质对铅耐性与敏感性植物生长及磷铅吸收的影响 [J]. 农业环境科学学报，33（7）：6.

罗小玲，郭庆荣，谢志宜，等，2014. 珠江三角洲地区典型农村土壤重金

属污染现状分析 [J]. 生态环境学报, 23 (3): 5.

石红蕾, 周启星, 2014. 生物炭对污染物的土壤环境行为影响研究进展 [J]. 生态学杂志, 33 (2): 9.

宋昕, 林娜, 殷鹏华, 2015. 中国污染场地修复现状及产业前景分析 [J]. 土壤 (1): 1-7.

王涛, 李惠民, 史晓燕, 2016. 重金属污染农田土壤修复效果评价指标体系分析 [J]. 土壤通报, 47 (3): 5.

许妍哲, 方战强, 2015. 生物炭修复土壤重金属的研究进展 [J]. 环境工程, 33 (2): 156-159.

周国华, 黄怀曾, 何红蓼, 2002. 重金属污染土壤植物修复及进展 [J]. 环境污染治理技术与设备, 6 (7): 33-39.

BROADLEY M R, WILLEY N J, MEAD A, 1999. A method to assess taxonomic variation in shoot caesium concentration among flowering plants [J]. Environmental Pollution, 106 (3): 341-349.

CUNNINGHAM S D, BERTI W R, HUANG J W, 1995. Phytoremediation of contaminated soils [J]. Trends in Biotechnology, 13 (9): 393-397.

YU H Y, LIU C P, ZHU F B, et al., 2016. Cadmium availability in rice paddy fields from a mining area: The effects of soil properties highlighting iron fractions and pH value-ScienceDirect [J]. Environmental Pollution, 209 (2): 38-45.

XING J F, HU T T, CANG L, et al., 2016. Remediation of copper contaminated soil by using different particle sizes of apatite: a field experiment [J]. SpringerPlus, 5 (1): 1182.

MALEK M A, HINTON T G, WEBB S B, 2002. A comparison of 90Sr and 137Cs uptake in plants via three pathways at two Chernobyl-contaminated sites [J]. Journal of Environmental Radioactivity, 58 (2): 129-141.

第二章 玉溪市农业生产与耕地生产障碍

玉溪市地处低纬高原,冬无严寒,夏无酷暑,光照充足,盆地和山地兼有,雨量适中,土地肥沃,是云南省乃至全国蔬菜、水果重要生产基地。但部分耕地因重金属背景值偏高,影响了农产品的质量安全,加快受污染耕地安全利用迫在眉睫。

第一节 玉溪市社会自然条件

玉溪市具有"自然风光多样性、生态环境宜居性、历史亘古独特性、民族文化丰富性"的资源优势。玉溪宜人气候、高原湖泊、空气质量、生物多样闻名全国,是国家卫生城市、国家园林城市、中国十佳休闲生态宜居城市。花开四季、春光常驻,三湖毗连成群。玉溪市共发现各类矿产48种,其中,能源矿产2种,金属矿产14种,非金属矿产32种。优势及重要矿产为铁、铜、镍、磷、水泥用灰岩等,其中,金矿、镍矿分布于市域西南部的元江、新平两县,铁矿、铜矿分布于中西部的易门、峨山、新平、元江四县,磷矿则集中产于东部的澄江、江川、华宁三县(市、区),在红塔区小石桥乡勘探发现氧化锂资源量高达489万t。玉溪市森林面积95.88万hm^2,有林地面积110.18万hm^2,森林覆盖率64.06%。玉溪市有自然保护地27个,其中,境内有国家级自然保护区2个、省级自然保护区1个。玉溪市有高等植物226科1 081属2 394种,有国家级重点保护野生植物31种,其中,有滇南苏铁、陈氏苏铁、云南红豆杉等5种国家Ⅰ级保护植物,有苏铁蕨、中华桫椤、金毛狗等26种国家Ⅱ级保护植物。境内生存有陆生野生动物资源735种,其中,国家一级保护野生动物13种,国家二级保护动物74种,有重要生态、科学、社会研究价值的"三有"陆生野生动物407种。抚仙湖、星云湖、杞麓湖周边有野生鸟类35科90种,其中,国家保护野生鸟类7种。多年水资源总量42.6亿m^3(含地下水16.8亿m^3),境内河流东有南盘江、曲江属珠江水系;西有元江及其支流绿汁江、小河底河,属红河水系。自北而南分布着抚仙湖、星云湖、杞麓湖等高原湖泊。珠江源头第一大湖"高原明珠"抚仙湖风光秀丽，流域面积 674.69 km^2，平均水深 95.2 m、最大水深 158.9 m，最高蓄水量达 206.2 亿 m^3，占云南省九大高原湖泊总蓄水量的 68.2%，占全国淡水湖泊蓄水总量的 9.2%，占全部国控重点湖泊Ⅰ类水质的 91.4%，是我国目前内陆淡水湖中水质最好、蓄水量最大的深水型贫营养淡水湖泊，总体水质保持Ⅰ类，是云南第一、全国第二深水湖，是国家优质淡水的重要战略储备库。

"十三五"期间，玉溪市一二三产业增加值年均分别增长 6.0%、5.5%、8.3%，三次产业结构由 2015 年的 9∶50.9∶40 调整为 2020 年的 10∶42∶48。一产方面，烟菜花果药畜 6 大产业量效齐增，粮食产量连续保持稳定，国家农业绿色发展先行先试区建设全面推进，"红河谷—绿汁江"热区经济开发不断加快，玉溪农业科技园区通过科技部验收，农业增加值增速多年稳居全省前列。二产方面，卷烟及配套、矿冶及装备制造等传统产业转型升级有力推进，云南绿色钢城启动建设，建成云南最大的研和数控机床产业基地，沃森13 价肺炎疫苗投产上市、国内首个 mRNA 新冠疫苗生产项目开工。三产方面，玉溪海关开关运行，外贸发展综合贡献百强和外向型农业发展百强企业数量全省第一。"旅游革命"纵深推进，全域旅游格局初步形成，成功创建抚仙湖国家级旅游度假区，旅游总收入增长 3 倍。

第二节　玉溪市农业生产特点

玉溪市 2021 年完成农林牧渔业总产值 393.1 亿元，同比增长 10.7%，其中，完成农业种植业总产值 279.2 亿元，同比增长 11.3%，两年平均增长 8.8%，同比增速比 2020 年加快 6.5 个百分点，是自 2011 年以来 10 年中最快的一年，10 年平均同比增长 8.2%。在构成农林牧渔业总产值的 5 项指标中，2021 年农业种植业总产值占农林牧渔业总产值比重高达 71.0%，比上年提高 1.1 个百分点。农业种植业对农林牧渔业总产值贡献率最大，达到 74.0%，拉动农林牧渔业总产值可比增长最高达 7.9 个百分点。其余是牧业产值贡献率为 17.3%、拉动农林牧渔业总产值同比增长 1.9 个百分点，林业产值贡献率为 5.8%、拉动农林牧渔业总产值同比增长 0.6 个百分点，农林牧渔服务业产值贡献率为 2.4%、拉动农林牧渔业总产值同比增长 0.3 个百分点，渔业产值基本持平，对农林牧渔业总产值贡献率和拉动率为零。

从构成玉溪农业种植业的四项指标来看，粮食及其他作物同比增长 1.1%，蔬菜园艺作物同比增长 15.3%，水果、饮料及香料作物同比增长 14.1%，中药材同比增长 4.3%。粮食生产方面：近 5 年玉溪市粮食产量基本维持在 6 亿 kg 左右，2021 年谷物实现产值 20.0 亿元，同比增长 1.3%，全年粮食总产量 61 514 万 kg，比上年增加 310 万 kg，增长 0.5%，其中谷物产量 56 139.2 万 kg，比上年增加 461.1 万 kg，增长 0.8%，夏收粮食产量 8 292.3 万 kg，占全年粮食总产量的 13.5%，早稻和秋收粮食产量占 86.5%。蔬菜生产方面：2021 年全市蔬菜产量 309.0 万 t，增长 6.5%，实现蔬菜产值 105.4 亿元，占农林牧渔业总产值的 26.8%，超过畜牧业产值占比 4.5 个百分点，真正成为玉溪农业第一大产业，贡献了 16.4% 的农林牧渔业总产值增长，拉动农林牧渔业总产值 1.8 个百分点的增长。水果产业方面：2021 年全市水果产量 136.1 万 t，增长 25.4%，其中，瓜果增长 52.2%，园林水果增长 24.5%，实现水果产值 69.7 亿元，同比增长达 15.6%。花卉种植方面：2021 年花卉种植面积 8.3 万亩，增长 30.7%。生产鲜切花 31.6 亿只，增长 36.0%。2021 年实现花卉总产值 25.5 亿元，同比增长 59.8%。中草药材方面：近年来，玉溪市中草药材主要以三七、重楼等发展较快，中草药材总量小但发展快速，2021 年实现产量 2.4 万 t，增长 27.8%，实现中药材产值 6.9 亿元，同比增长 4.3%。烤烟生产方面：2021 年全市栽种烤烟 56.9 万亩，烤烟收购 153.1 万担，实现烤烟产值 25.9 亿元，同比增长 3.8%，烤烟生产实现了"五增长"：一是烟叶收购均价增长，全市烟叶收购均价达每千克 31.6 元，较 2020 年每千克增 2.2 元，增 7.6%。二是上等烟比例增长，上等烟比例 72.4%，较 2020 年增长 2.2 个百分点。三是户均交售收入增长，户均种烟收入 4.3 万元，与 2020 年相比户均交售烟叶收入增 0.6 万元，增 15.7%。四是烟农交售收入增长，全市烟农交售收入 24.2 亿元，较 2020 年增加 1.7 亿元，增 7.6%。五是上缴烟叶税增长，2021 年全市烟叶税 5.3 亿元，较 2020 年增 0.4 亿元，增 7.7%。

第三节　玉溪市耕地生产障碍

玉溪市辖 9 个县级行政区划单位，分别是红塔区、江川区、澄江市、通海县、华宁县、易门县、峨山彝族自治县、新平彝族傣族自治县、元江哈尼族彝族傣族自治县。

澄江市环湖东南西背山，唯北面一片平坝，阡陌交错。东大河水库和梁王河两大干渠分东西两边纵横南北。境内山脉多为南北走向，罗藏山自西向东横亘中部，形成澄江、阳宗两个坝子。最高海拔梁王山主峰 2 820 m，最低海拔南盘江与海口河交会处 1 328 m。市区凤麓镇海拔 1 755 m。山地面积占总面积的 73.4%，水域面积占 18.6%，坝区面积占 8%，形成"七山、二水、一分坝"的天然格局。澄江市受污染耕地土壤呈酸性，种植的农作物主要包括水稻、白菜、小麦、玉米、甘蓝、烟叶、大豆、豌豆、桃子。

通海县地貌由盆地、中山、河谷3种组成。盆地区地势由西南向东北逐渐降低，坡度3°~10°，海拔1 796~1 820 m。地形呈东西阔、南尖、北微凸之蘑菇状地势南低北高，海拔最高点位于河西镇螺峰山2 443 m，最低点位于高大乡马脖子1 350 m。通海县土壤呈酸性，种植的农作物主要包括白菜、甘蓝、鲜食玉米、豆类、青花、莴笋、大蒜、芹菜、蒜苗。

江川区由湖泊、盆地、中低山脉组成，四周高、中部低，西部九溪略向玉溪倾斜。山脉多为南北走向和东西走向，东北走向较少；海拔最高点2 648 m（翠峰谷堆山），海拔最低点1 690 m（九溪河口村）；城区海拔1 730 m，坝区海拔一般在1 740 m左右。玉溪市江川区受污染耕地土壤呈酸性，种植的农作物主要包括烤烟、玉米、蔬菜、油菜、菜豌豆、花菜、烤烟、水稻、蔬菜、玉米、荷藕、草莓。

华宁山脉，起云贵高原西南，延伸在境内的部分有东西两支，呈南北走向，山岭绵亘，纵贯全境。东支老象山脉位于县境中部，西支磨豆山脉位于西部。东支诸山由北至南依次为：磨盘山、阿尖山、落岩山、大石丫口、矣甫老象山、大水井岩头、三台山、登楼山、拖白大山；西支诸山由北至南依次为：祖德山、大黑山、鸡蛋山、磨豆山、马大山、五脑山、观音山。华宁县种植的农作物主要包括水稻、玉米、烤烟、蔬菜、油菜、橘子、苦瓜、茄子、鲜食玉米、食粒豌豆、西蓝花、鲜食大豆。

红塔区境四面环山，东有龙马山屏障，南有凤凰山拱卫，西有高鲁山雄峙，北有大黑山横亘。市区中心——州城，海拔1 630 m，境内最高点（高鲁山）海拔2 614 m，最低点（玉溪与通海交界处的曲江河滩）海拔1 502 m。红塔区种植的农作物主要包括小香葱、西蓝花、菜豌豆、玉米、鲜切花、萝卜、三七、早玉米、葡萄、草莓、辣椒。

易门县境内最高点为北部小街乡甲浦老黑山顶雀窝尖山，海拔2 608 m，最低点是绿汁镇南部炉房村旁易门与双柏、峨山交界处的绿汁江面，海拔1 036 m。地形特征为东、北、西三面高山屏立，中部是溶蚀性盆地，东南面为中山河谷地带，全境状似马蹄。江河沿岸受河流切割影响，较陡峭，山谷相间，地形复杂。易门县种植的农作物主要包括洋葱、荷兰豆、白菜、水稻、玉米、烤烟、西葫芦、豌豆、蚕豆、大麦、松花、辣椒、马铃薯、三七、小麦、玫瑰花。

峨山县属高原地貌形态，地形东部狭长，西部较宽。境内海拔2 000 m以上的高山有60多座，较大的有高鲁山、大西山、总果山、大黑山、火石头山等。地势东北高、西南低。东部因受曲江切割，形成西北至东南走向的山地与谷地相间的地貌形态。中部的岔河、塔甸、富良棚等乡属岩溶比较发育的石灰岩地区，溶洞、洼地较多。西部和北部，山高坡陡，箐深谷狭，地形破碎。县境平均海拔 1 691 m，最高点为北部甸中镇镜湖行政村的火石头山，海拔 2 583.7 m，最低点在西部绿汁江边的丫勒，海拔 820 m。峨山县种植的农作物主要包括玉米、水稻、烤烟、油菜、白菜、菜豌豆、番茄、小麦、冬早蔬菜、四季豆。

元江县最高点海拔（阿波列山）为 2 580 m，最低点海拔（小河垤）为 327 m，相对高差达 2 253 m。山区面积 2 766.54 km^2，占总面积的 96.8%，坝区面积 91.46 km^2（元江坝、甘庄坝、因远坝），占总面积的 3.2%。元江县种植的农作物主要包括蚕豆、甘蔗、柑橘、香蕉、杧果、火龙果、荔枝、青枣、玉米、水稻、油菜、烤烟、辣椒、马铃薯、小麦。

新平县地形以山地为主，县境山区面积达 4 139.6 km^2；地势西北高、东南低，境内最高海拔哀牢山主峰大磨岩峰 3 165.9 m，最低海拔漠沙镇南蒿村 422 m。新平县种植的农作物主要包括玉米、小麦、水稻、辣椒、油菜、烤烟。

第四节　玉溪市耕地生产障碍修复利用

2012—2018 年，玉溪市农业农村局先后承担了全国农产品产地土壤重金属污染普查工作，在全市 9 个县（市、区）布设了监测点位，组织开展监测调查，初步摸清了全市农产品产地土壤重金属污染的程度、分布和特征。2017 年，承担了全国农用地污染状况详查工作，对重点企业周边影响区、土壤点位超标区、土壤污染问题突出区等农用地土壤污染状况进行详查，进一步摸清了农用地土壤污染底数。近年来，组织制定了相关的技术方案，开展耕地土壤重金属污染治理修复技术试点示范，具有很好的工作基础，累积了丰富的经验。

2019 年 1 月 1 日起实施的《中华人民共和国土壤污染防治法》第五十三条对安全利用类农用地地块风险管控做了明确规定，对安全利用类农用地地块，地方人民政府农业农村、林业草原主管部门，应当结合主要作物品种和种植习惯等情况，制订并实施安全利用方案。安全利用方案应当包括下列内容：农艺调控、替代种植；定期开展土壤和农产品协同监测与评价；对农民、农民专业合作社及其他农业生产经营主体进行技术指导和培训；其他风险管控措施。农用地土壤污染防治的基本目标是保障农产品质量安全，即使土壤中某种或某几种污染物含量超标，但污染物活性较低，不影响农产品安全生产，就可以发挥受污染耕地的生产功能。

2020 年，玉溪市农业农村局实施了玉溪市耕地生产障碍修复利用示范区建设项目。在玉溪市澄江市、峨山县、红塔区、华宁县、江川区、通海县、新平县、易门县、元江县9个县（市、区）集中连片的重金属污染耕地开展耕地生产障碍修复利用示范，建成了耕地生产障碍修复利用示范区，筛选出适合玉溪市各地区的耕地生产障碍修复利用工艺及适宜当地种植的低积累作物，为玉溪市耕地生产障碍修复利用提供示范模板。

第三章 重金属在土壤中的分布与运移

土壤环境中的重金属主要来源于矿山和工业生产排放的废渣、废水和废气，污水灌溉以及肥料和农药的施用等。重金属的土壤环境污染主要途径是采矿、冶炼、燃煤、电镀工业、电池工业、化工工业、肥料生产、废物焚化处理、尾矿堆放、垃圾堆的淋溶及城市污水污泥等。土壤中的重金属易于积累，形态多变。一旦土壤被污染，大多数的重金属只能从一种形态变迁成另一种形态，很难从土壤中彻底去除（洪坚平，2011）。

根据生态环境部、自然资源部等部门所做的全国土壤污染状况调查，土壤重金属污染种类主要有镉、汞、砷、铅、铬等。其中，全国土壤总的超标率为16.1%；从不同土地利用类型土壤超标情况看，耕地土壤点位超标率为19.4%。从全国土壤污染格局分布情况看，南方土壤污染重于北方；长江三角洲、珠江三角洲、东北老工业基地等部分区域土壤污染问题较为突出，西南、中南地区土壤重金属超标范围较大。

第一节 土壤镉污染与运移特征

一、土壤镉污染和分布特征

镉（Cd）是主要的污染重金属元素之一，是微量重金属中毒性最大者，对人和动物是一种积累性剧毒元素。土壤环境污染的途径有3种：一是工业废气中的镉扩散沉降累积于土壤中；二是用含镉废水灌溉农田，使土壤受到严重污染；三是农田施用磷肥、污水污泥、农药和杀虫剂，长期累积污染（张增强，1998）。因此，模拟和预报重金属镉在土壤中的污染运移对于定量分析镉的运移转化规律有重要的意义。在自然界中很少有纯镉出现，它伴生于其他一些金属矿中，例如锌矿、铅锌矿、铅银锌矿等。镉在稳定的化合物中通常为正2价，其离子为无色。镉在环境中存在的形态很多，大致可分为水溶性镉、交换性镉、吸附性镉和难溶性镉。镉随着水分进入包气带，在土壤内迁移转化过程中，除机械过滤作用外，主要受溶解与沉淀、吸附与解吸以及络合与解离作用制约（商建英，2003）。

二、镉在土壤中的迁移转化

外源镉进入土壤后首先被土壤所吸附，进而可转变为其他形态。镉易被土壤吸附，一般吸附率在80%~95%（陈凌，2009）。土壤类型和特性不同，其吸附率也不同：腐殖质土壤、混有火山灰的冲积土壤、重壤质砂质土、壤质土、砂质冲积土对镉的吸持率依次降低。黏土、有机质、底泥和悬浮物对水体中的镉离子有强烈的吸附作用。镉的沉淀主要通过碳酸盐的形式、水溶解出土壤中的镉随酸碱度、氧化还原电位值（Eh）而发生变化：pH值降低，Eh值升高，镉的溶出率增大；当pH值为4时，镉的溶出率超过50%，pH值为7.5时，镉几乎不溶出或很难溶出（张继明，2008）。通常土壤对镉的吸附能力越强，镉的迁移活性就越弱。一部分被吸附的镉也可以从土壤表面解吸下来，溶解到土壤溶液中。土壤溶液中的镉含量升高，将增加镉迁移进入食物链的风险，同时还可通过地表径流或沿土壤剖面向下迁移而污染水体。土壤中的黏土矿物、有机质、铁、锰、铝等的水合氧化物、碳酸盐、磷酸盐等对外源镉的吸附固定起着主要作用，而且各组分之间存在复杂的相互影响，使不同类型的土壤表现出不同的吸附能力。

三、影响土壤镉运移的因素

（一）土壤pH值

土壤pH值是土壤所有参数中影响镉形态和有效性的最重要因素（Murray，2002）。土壤中镉的有效性即镉在土壤中的化学形态和吸附解吸行为很大程度上受土壤pH值的调节。提高土壤pH值，土壤胶体负电荷增加，H^+的竞争能力减弱，使重金属被结合得更牢固，多以难溶的氢氧化物或碳酸盐及磷酸盐的形式存在，镉的有效性就大大降低了（Singh，1998）。因此在许多受镉污染的酸性土壤地区，撒施石灰石提高土壤pH值以降低镉的有效性是治理镉污染的一项有效措施。

（二）土壤有机质

土壤中的有机物质具有大量的功能团，对镉等重金属离子的吸附能力远远高于其他任何矿质胶体，更重要的是，有机质分解形成的小分子有机酸、腐殖酸等可与重金属结合形成稳定的络合物，从而降低镉的活动性。研究表明，镉污染的土壤中添加有机肥后，有机络合态的镉明显增加，而水溶态和交换态镉的质量分数则明显降低，即土壤中有效态镉的质量分数降低。

（三）磷元素

由于磷肥的大量使用，尤其是含镉磷肥的施用导致了作物中镉的积累，土壤及作物体内磷水平与作物对镉的吸收积累的关系问题引起了人们的关注（Grant，1998）。一方面，商业磷肥中通常含有不同水平的镉，随着磷肥的施用被带进了土壤，从而提高了作物中镉的水平；另一方面，磷肥还可能通过影响土壤pH值、离子强度、锌的有效性及植物生长等进而影响土壤中镉的生物有效性。

（四）陪伴阴离子

自从1986年Bingham研究发现阴离子Cl^-和SO_4^{2-}促进植物对镉的吸收，阴离子对镉在土壤—植物系统中迁移转化的影响引起了学者的关注，这方面的研究报道也越来越多。在大田调查的研究发现，土壤盐分（Cl^-）是影响作物吸收积累镉的一个非常重要的因子（Li，1994）。研究证实，Cl^-在溶液中能形成相对稳定的复合物$CdCl^+$和$CdCl^{2+}$，当土壤溶液中Cl^-浓度达到10 mmol/L时，这种复合物的形成就很明显（Norvell，2000），这样就使镉趋向于由固态向土壤溶液迁移，从而提高了镉的溶解性。

第二节 土壤铬污染与运移特征

一、土壤铬污染和分布特征

铬（Cr）是人体内必需的微量元素之一，它在维持人体健康方面起关键作用，是正常生长发育和调节血糖的重要元素。它会通过食物链在生物体内累积，体内铬含量过高会导致上呼吸道刺激反应，甚至会造成肝和肾等的衰竭以及癌变。环境中的铬主要以Cr（Ⅲ）和Cr（Ⅵ）两种价态存在，与Cr（Ⅲ）相比，Cr（Ⅵ）具有很强的杀伤力，即使低浓度也具有相当高的毒性，其毒性是Cr（Ⅲ）的500倍。土壤铬污染主要来源于制革、电镀、冶金和印染等行业的废水排放，而且Cr（Ⅵ）在土壤中容易迁移，对环境具有很大的危害。

二、铬在土壤中的迁移转化

土壤中铬的生物有效性主要取决于其在土壤中的存在状态，Cr（Ⅲ）易水解并被土壤矿物吸附形成沉淀；而 Cr（Ⅵ）不易被土壤胶体吸附并具有较高的活性和毒性。因此，土壤中 Cr（Ⅲ）和 Cr（Ⅵ）的相互转化对铬的生物有效性、迁移率和植物吸收具有重要的影响。土壤中不同形态铬之间的相互转化关系可以用图3-1表示。土壤中铬的迁移转化主要由3个重要反应的控制：氧化—还原作用、吸附—解吸作用和沉淀—溶解作用。

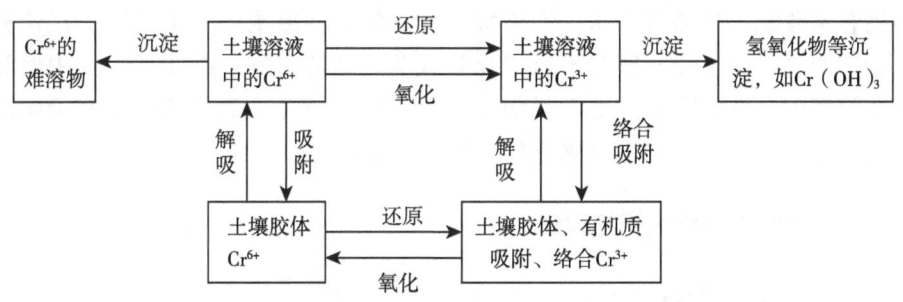

图3-1 土壤中铬的迁移转化规律（何振立等，1998）

（一）氧化—还原作用

氧化—还原作用是影响铬在土壤中存在形态和迁移转化的重要因素。在一定 pH 和 Eh 范围内 Cr（Ⅲ）和 Cr（Ⅵ）之间会发生氧化还原反应而相互转化。在土壤常见的 pH 和 Eh 范围内，Cr（Ⅵ）易被土壤中的有机质、Fe^{2+} 和 S^{2-} 等物质还原为 Cr（Ⅲ），即使是在微偏碱性的条件下，如果土壤中具有合适的电子供体，Cr（Ⅵ）就有可能被还原为 Cr（Ⅲ）。因此土壤中 Cr（Ⅵ）的存在需要有很高的 pH 值和 Eh 值，有机质含量高的酸性土壤中一般情况下 Cr（Ⅵ）含量很低。与此同时，在含有 MnO_2 的条件下，Cr（Ⅲ）也会被氧化成 Cr（Ⅵ）。然而，由于可移动 Cr（Ⅲ）的缺乏，即使在有 MnO_2 和合适 pH 的条件下，土壤大部分 Cr（Ⅲ）不太可能被氧化为 Cr（Ⅵ）。

（二）吸附—解吸作用

Cr（Ⅵ）在土壤中主要以 CrO_4^{2-}、$HCrO_4^-$、$Cr_2O_7^{2-}$ 阴离子形式存在，Cr（Ⅵ）进入土壤后仅有 8.5%~36.2% 被土壤胶体吸附，大部分游离在土壤溶液中。不同类型的土壤或黏土矿物对 Cr（Ⅵ）的吸附能力有明显的差异，大致如下：红壤＞黄棕壤＞黑土＞黄壤，高岭石＞伊利石＞硅石＞蒙脱石。有研究认为土壤中质子化的带正电的矿物，特别是铁、锅的氧化物可能在 pH 值 2~7 时吸附 Cr（Ⅵ）；其他竞争的阴离子，如 SO_4^{2-} 和 HCO_3^- 等离子可能会减少铬在土壤中的吸附。相反，Cr（Ⅲ）在土壤中主要以 Cr^{3+} 阳离子形式存在，进入土壤后，90%以上迅速被土壤胶体吸附固定，被封闭在铁的氧化物中或形成铬和铁氧氧化物的混合物，所以 Cr（Ⅲ）在土壤中难以迁移。

（三）沉淀—溶解作用

三价铬化合物在土壤中相对较稳定，而六价化合物无论是在酸性还是碱性土壤中都不稳定，易迁移。土壤中的 Cr（Ⅵ）主要以铬酸盐和重铬酸盐离子的形式存在，与金属阳离子结合生成的盐类中，碱性铬酸金属盐类（如铬酸钙和铬酸锶）较易溶于水，而铬酸铅和铬酸锌在冷水中几乎不溶。三价铬化合物的溶解性易受一些难溶氢氧化物或氧化物的限制。Cr（Ⅲ）在中性和碱性溶液中，可能生成沉淀 Cr（OH）$_3$。土壤中大多数铬都以 Cr^{3+} 存在于矿质结构中或形成 Cr^{3+}-Fe^{3+} 混合氧化物，其溶解度很低。

三、影响土壤铬运移的因素

（一）土壤有机质

有机质是土壤中非常重要的组成部分，土壤有机质很容易将土壤中的 Cr（Ⅵ）还原为 Cr（Ⅲ），降低土壤中铬的迁移性和有效性，土壤中有机质含量的高低影响了土壤中铬的移动性及其生物有效性。有研究表明六价铬的还原量随着有机质含量的增加而增加，有机质对 Cr（Ⅵ）的还原量决定于有机质含量的高低。

腐殖质是土壤有机质中主要的组成成分，能为 Cr（Ⅵ）还原提供大量的电子库。在铬污染土壤中加入腐殖酸可以加速土壤中六价铬的还原，使具有高毒性的可溶态六价铬急剧减少，同时使铬的其他形态如氧化物结合态、碳酸盐结合态及有机结合态增加，有效地降低铬在土壤中的迁移能力、活性和生物可利用性。

（二）土壤 Fe（Ⅱ）、硫化物

在土壤常见的 pH 值和 Eh 范围内，Cr（Ⅵ）很快被一些带羟基的有机物、Fe（Ⅱ）和可溶性硫化物还原为 Cr（Ⅲ）。含 Fe（Ⅱ）的矿物，如磁铁矿（Fe$_3$O$_4$）、黄铁矿（FeS$_2$）、黑云母，能将 Cr（Ⅵ）还原为 Cr（Ⅲ），Cr（Ⅵ）和 Fe（Ⅱ）不会同时存在于溶液中。Buerge（1998）通过实验室和野外实验得出六价铬被还原是由于 Fe（Ⅱ）和有机质共同作用的结果，并确定了六价铬被 Fe（Ⅱ）-有机质还原的反应速率常数，Fe（Ⅱ）催化有机质还原六价铬。Fendorf（1995）认为在厌氧土壤中，Fe（Ⅱ）和硫化物是控制铬氧化还原作用的主要因素，在六价铬被还原的同时，Fe（Ⅱ）和硫化物被氧化为 Fe（Ⅲ）和单质硫或硫酸盐（SO$_4^{2-}$）。Fe（Ⅱ）和硫化物（S^{2-}）与 Cr

(Ⅵ) 反应式如下所示。

$$2CrO_4^{2-}+3H_2S+4H^+ \rightarrow 2Cr(OH)_3(s)+3S(s)+2H_2O \qquad (1)$$

$$3Fe^{2+}+HCrO_4^-+8H_2O \rightarrow 3Fe(OH)_3+Cr(OH)_3+5H^+ \qquad (2)$$

（三）土壤pH值

土壤pH值与土壤中铬的迁移率和生物有效性关系密切，不仅决定了铬存在的氧化价态，而且影响着土壤溶液中各种络离子在固相上的吸附程度。首先，有机质还原Cr(Ⅵ)的速率随着pH值的降低而增强。Hellerich（2005）实验发现，在中性pH的土壤溶液中，Cr(Ⅵ)和总铬的浓度相近，但当pH值<4时，约50%的Cr(Ⅵ)被还原Cr(Ⅲ)，以Cr(OH)$_3$的形式存在于土壤溶液中。另外，有研究表明，虽然心土中有机质的含量远远低于表土，然而心土中却有大量Cr(Ⅵ)被还原，主要是因为心土酸性强，提高了土壤矿质中Fe^{2+}的释放，进而促使其与可溶性Cr(Ⅵ)之间的氧化还原反应。其次，土壤pH值影响着铬离子在固相上的吸附程度。据研究表明，在pH值2.0~6.5范围内，土壤对Cr(Ⅵ)的吸附量随pH值升高而增加，但当pH值>6.5时，随着pH值升高，土壤对Cr(Ⅵ)的吸附量急剧下降，至pH值>8.5时，基本上不吸附Cr(Ⅵ)，因此Cr(Ⅵ)通常在中性的地下水环境中是可迁移的。高pH值下减少的六价铬吸附量主要归因于水合氧化铁胶体表面正电荷减少，故而对Cr(Ⅵ)的吸附能力降低（刘云惠，2000）。土壤对Cr(Ⅲ)的吸附在pH值<10.5时，随pH值的升高而减少，而当pH值>10.5时，由于Cr(Ⅲ)水解物质的阳离子交换吸附，土壤对Cr(Ⅲ)的吸附随pH的升高而增加。

（四）土壤氧化锰

土壤中三价铬的氧化剂主要为氧化锰，氧化锰对三价铬的氧化能力强弱顺序：δ-MnO$_2$>α-MnO$_2$>γ-MnOOH。氧化锰作为三价铬的主要电子受体，其反应机制主要是MnO$_2$将溶液中的Cr(Ⅲ)吸附到其表面，与表面活性部位锰反应使Cr(Ⅲ)被氧化为Cr(Ⅵ)，随即Cr(Ⅵ)从二氧化锰表面解吸释放到溶液中。陈英旭等（1994）在一定量Cr(Ⅲ)溶液中加入二氧化锰、高岭石、蒙脱石、针铁矿、NO$_3^-$、SO$_4^{2-}$比较Cr(Ⅲ)的氧化情况，发现只有在二氧化锰体系中才能检测到Cr(Ⅵ)，进一步证明了二氧化锰对Cr(Ⅲ)具有一定的氧化能力，并且不同晶型锰氧化物在自然土壤条件下对Cr(Ⅲ)的氧化能力是有差异的。

（五）土壤微生物

Ackerley et al.（2004）提出无论在有氧和无氧条件下细菌都能将Cr

（Ⅵ）还原为 Cr（Ⅲ）。具有 Cr（Ⅵ）还原特性的细菌广泛存在于自然环境和铬污染的环境条件下，能加速土壤 Cr（Ⅵ）的还原。铬还原菌通过把高毒的 Cr（Ⅵ）还原成低毒的 Cr（Ⅲ）从而使得自身能够存活于更高的铬浓度环境，间接地提高了对铬的抗性。

第三节　土壤铅污染与运移特征

一、土壤铅污染和分布特征

铅（Pb）是一种蓝色或银灰色的软金属，具有亲硫性和亲氧性，在自然界多以硫化物、硫酸盐、磷酸盐、砷酸盐及氧化物为主。工业城市附近土壤中铅污染时有发生，而一些冶炼厂和矿山附近土壤铅污染比较明显。由于铅在土壤中迁移能力弱，大气沉降是土壤中外来铅的主要传输途径。其中，汽车尾气、工厂高浓度铅尘和含铅污水排放都是造成附近土壤污染的原因（洪坚平，2011）。污水灌溉是土壤铅污染的另一主要途径，长期的污水灌溉可以引起土壤铅含量比背景值高出几十倍到上百倍。

二、铅在土壤中的迁移转化

除了固相控制土壤溶液和水体中的 Pb^{2+} 活性外，吸附过程也会影响 Pb^{2+} 的活性。某些水体中 Pb^{2+} 活性的上限取决于沉淀的铅固体的溶解度，然而，在实际测量中，大多数受试河水的铅含量都远远低于其已知所含铅固体的溶解度（Hem，1976）。在平衡时，由于特定系统的阳离子交换能力，系统中溶解铅的活性可能低于根据沉淀铅固体物质的溶解度计算得出的活性。由于铅或多或少不可逆地吸附在有机和无机表面上，因此在某些系统中，铅的浓度可以通过吸附反应来控制。有学者建议可使用铁氧化物、二氧化锰、磷灰石、黏土矿物、干浮游生物和泥炭藓作为铅的吸附剂。铁和锰氧化物对铅的吸附已有多项研究发现，新沉淀的铁和锰氧化物的表面是大多数溶解性金属离子的高活性吸附位点，这些氧化物固定金属离子的 2 个主要过程是特异性吸附和共沉淀。Dong（2007）表明，9 种合成的锰氧化物和 3 种合成的铁氧化物对金属离子的固定是由于强的特异性吸附，除针铁矿外，这些氧化物对铅的吸附均比钴、铜、锰、镍和锌的吸附强，且铅在这些氧化物表面上的吸附量会随着 pH 值和表面积的增加而增加，而可以用电解质溶液置换的铅吸附量通常很低（约 10%）（Stenger，2009）。因此，吸附与共沉淀作用有利于保持土壤溶液和水中的低可溶性铅水平。氧化物与金属离子除了可以形成氧化物—金属配合物外，还可以形成三元配合物，即氧化物表面—金属—配体，配体可以是无机或有机配体。当磷酸盐或硫酸盐存在时，铁和铝氧化物对土壤中 Zn^{2+} 的吸附增强，进一步证实了三元配合物在这一过程中发挥了作用（张磊，2005）。类似地，$Al(OH)_3$ 在 Ca^{2+} 和 Cd^{2+} 等二价金属离子存在下可增强对磷酸盐的吸附，也表明金属—磷酸盐络合物在氧化物上的吸附。

三、影响土壤铅运移的因素

土壤中铅的移动性和有效性依赖于土壤 pH 值、Eh、有机质含量、质地、有效磷和无定形铁氧化物。这主要与土壤对铅的强烈吸附作用有关其吸附机制主要有：①阴离子对铅的固定作用。土壤阴离子如 PO_4^{3-}、CO_3^{2-}、S^{2-}、OH^- 等可与 Pb^{2+} 形成溶解度很小的正盐、复盐及碱式盐。尤其是当土壤 pH 值>6 时，铅能生成溶解度更小的 $Pb(OH)_2$。②有机质对铅的络合作用。③黏土矿物对铅的吸附作用。黏土矿物对铅有很强的专性吸附能力，被黏土矿物吸附的铅很难解吸，植物不易吸收。

就决定土壤铅的生物有效性而言，pH 值具有重要地位。研究认为，水溶态铅与土壤铅含量和土壤溶液 pH 值呈直线相关，证实 pH 值是决定土壤溶液 Pb^{2+} 的重要因素之一。有研究表明，当土壤溶液 pH 值<5.2 时，pH 值越低，土壤中铅的溶解度、移动性和生物有效性越高。土壤溶液 pH 值不仅决定各种矿物的溶解度，而且影响土壤溶液中各种离子在固相上的吸附程度。随土壤溶液 pH 值升高，铅在土壤固相上的吸附量加强。研究表明，黄棕壤 pH 值由 4.20 下降至 2.12 时，水溶态铅增加近 20 倍，交换态铅增加近 100 倍。潮土和潮褐土中交换态铅均随 pH 值升高而减少，并呈极显著负相关。对土壤铅的影响研究时发现，当土壤溶液的 pH 值由较低变为近中性时，溶液中的有机铅急剧增高。一般而言，土壤 pH 值增加，铅的可溶性和移动性降低，抑制植物对铅的吸收。可溶性铅在酸性土壤中含量较高，主要是因为酸性土壤中 H^+ 可以部分将已被化学固定的铅重新溶解而释放出来，这种情况在土壤中存在稳定的 $PbCO_3$ 时尤其明显。我国南方，土壤多为酸性，土壤铅背景值较高，且多为酸雨地带，因此土壤铅的有效态更高，危害也更大。

铅的生物有效性与土壤的有机质、黏粒、质地及阳离子交换量有关，植物吸收的铅与 CEC 的比值可作为判断铅的生物有效性的指标。铅可以与土壤中的腐殖质（如胡敏酸和富啡酸）形成稳定的络合物，相对而言，铅与富啡酸形成络合物的数量远高于其他金属，而胡敏酸与铅的络合物较胡敏酸与锌或镉的络合物更加稳定。土壤中的铅浓度与土壤腐殖质含量呈正相关。腐殖质对铅的络合能力及其络合物稳定性，均随土壤 pH 值上升而增强。潮土和潮褐土中交换态铅与有机质含量呈正相关趋势，而碳酸盐结合态与有机质含量呈显著负相关。土壤中伊利石、蒙脱石、高岭石、蛭石和水化云母对铅的吸附均随 pH 值而变。如 pH 值从 4.7 增加到 5.9 时，针铁矿对铅的吸附由 8% 上升到 63%。相同 pH 值条件下，铅的溶解度随氧化还原电位的下降而增加，推测其吸附在 Fe-Mn 氧化物上。对机械组成不同的普通灰钙土和沙砾质灰钙土，外源添加铅的试验表明，春小麦籽粒的富集系数以质地较粗的沙砾质灰钙土为高。类似研究表明，土壤质地对 NHOAc（pH 值 = 5.0）可提取态铅的影响为：沙土>粉沙土>黏壤土。

第四节　土壤砷污染与运移特征

一、土壤砷污染和分布特征

砷（As）是变价元素，在土壤环境中主要以 As^{3+} 和 As^{5+} 两种价态存在，被世界卫生组织和美国环保署列为第一类致癌物。土壤中砷的主要来源是各种岩石矿物砷，我国南方部分地区受采矿或金属冶炼等影响，广西刁江流域，湖南衡阳、郴州、石门等地均存在面积达数百平方千米的严重区域性土壤砷污染，对当地的农业生产和人体健康造成重大危害。其中，湖南石门原雄黄矿砷污染范围大、程度深，受污染土壤面积约 35 km^2，其中耕地面积约 12 km^2，土壤砷含量超过国家标准值 29 倍，受土壤和地表水污染的影响，农作物砷含量也严重超标。含砷农药和有机肥（动物粪便）的使用及含砷添加剂的使用也是砷可能直接或者间接大量进入土壤的途径之一，也可能是造成部分北方农业土壤中砷的含量有逐年升高趋势的原因。

一般认为，土壤中的砷来源可分为自然和人为。土壤砷的本底主要是从成土母质中来，环境决定其浓度的高低，土壤中的砷含量一般不会超过 15 mg/kg（特殊地区除外）。土壤、水体等表生环境中砷含量呈现高异常，以致污染，将会影响到动植物的生长发育以及人体健康。

二、砷在土壤中的迁移转化

砷在土壤中迁移转化有两个决定因素，一是土壤具有使易溶性砷化物变成为难溶化合物的能力；二是使砷的难溶化合物变成易溶化合物的能力。这些能力除了与土壤的类型有关外，还和土壤的 Fe、Al、Ca、Mg 有关，同时还受土壤 pH 值和 Eh 的影响，微生物以及磷的影响（潘茂华，2013）。

砷在土壤中可形成许多无机的和有机的形态，常见的无机砷有三氧化二砷、亚砷酸盐和五氧化二砷、砷酸、砷酸盐。有机砷有甲基砷（MMA）、二甲基砷（DMA）、三甲基砷（TMA）。从价态来分，砷主要以三价和五价的形式存在，砷及砷化物的毒性因价态、化合物构成不同而毒性不同。单质砷不溶于水和强酸，不易被人体富集，因此毒性极低。有研究表明砷化氢的毒性最大，无机砷的毒性大于有机砷，三价砷的毒性大于五价砷，无机三价砷的毒性是无机五价砷的 60 倍。生物挥发法也是一种可以改变土壤中砷价态的有效方法。微生物可以将土壤中的砷转化为气态砷化物，利用后者低沸点的特性挥发到大气中，从而降低土壤砷含量。目前已经分离出砷霉菌等 10 个系的异养细菌具有释放砷的作用，他们能使无机态砷化物转化为有机态砷化物和砷化氢逸出土壤，达到消除砷害的目的。在淹水条件下，随着氧化还原电位的降低，五价砷很容易被还原为三价砷，从而促进了砷向土壤溶液的释放和迁移，并提高了其生物有效性，一般而言，淹水稻田土壤溶液中三价砷浓度在 $0.01 \sim 3$ μmol/L，在孟加拉湾砷污染地下水灌溉的稻田，土壤溶液中三价砷浓度可 $20 \sim 30$ μmol/L，由于亚砷酸的解离常数为 9.2，因此三价砷在 pH 值<8 的土壤中主要以不解离的中性分子存在。由于植物对砷的富集与土壤中砷的含量及其化学形态密切相关，从理论上看，通过研究土壤中不同形态砷的相互转化，并控制一定的条件使土壤中高毒、高生物有效性的砷化合物向低毒、低生物有效性的形态转化，将在一定程度上降低植物对砷的富集，减轻其对植物生长的危害。

三、影响土壤砷运移的因素

砷在土壤中的迁移性主要取决于其存在形态，其主要存在形态是砷酸盐［As（V）］和亚砷酸盐［As（Ⅲ）］，其中 As（Ⅲ）溶出性和毒性更强，占比较少的有机砷毒性较弱。砷形态的转化取决于土壤性质，包括 Eh、pH 值、土壤质地、有机质和铁、铝、锰（氢）氧化物的浓度、土壤微生物活性等（Kumarathilaka，2018）。而土壤类型、气候变化和土地利用类型可能会对土壤性质产生影响，因此影响砷有效性。

（一）土壤 pH 值和 Eh

与 As（Ⅲ）相比，As（V）更易吸附在带正电的矿物上，形成沉淀，如铁、铝、锰、钙（氢）氧化物的表面，但其吸附机制受 pH 值和 Eh 的影响。

pH值和Eh对控制砷形态在固相和液相之间的分配有重要作用。pH值的改变会影响土壤表面电荷差异，pH值升高时，铁氧化物等吸附剂表面的负电荷增高，吸附作用力减弱，较高的pH值条件下，铁、铝（氢）氧化物对As（Ⅲ）的吸附更强，对As（Ⅴ）的吸附则在较低pH值下更好。淹水的稻田土壤环境中，pH值较旱地土壤高，会促使砷解吸，释放进土壤溶液中。土壤Eh也是影响砷形态及其有效性关键因子，砷的形态在不同Eh条件下会相互转化，Eh值下降时会增加As（Ⅴ）的还原。氧化条件会降低pH值，砷酸（H_3AsO_4）是主要形态，而$H_2AsO_4^-$和$HAsO_4^{2-}$是pH值在2~11时的主要形态。相反，还原条件下，亚砷酸（H_3AsO_3）是主要存在形式，其会在较低pH值时向$H_2AsO_3^-$转化，而在较高pH值时转化为$HAsO_3^{2-}$。用还原的热力学动态性质，结合土壤和水环境，可用平衡常数预测As（Ⅴ）和As（Ⅲ）的相互反应。例如，Fe（Ⅲ）氧化矿物仅在pH值在4~5范围内可氧化As（Ⅲ），在pH值为8时，不会发生氧化反应。还原反应可通过影响砷形态来影响其吸附和解吸，从而影响砷的溶出和迁移。

（二）土壤质地

土壤质地是土壤重要的理化性质之一，会影响砷在铁、铝、锰等（氢）氧化物和黏土矿物表面的吸附。已有研究发现粒径较小土壤中会吸附更多的砷，因为具有吸附性的（氢）氧化物一般会富集在黏粒尺寸（<2 μm）的土壤颗粒中，因此黏土中砷溶出性比砂质土壤低。从尾矿排出的水中，含砷的悬浮颗粒（>0.45 μm）是尾矿排水中的主要含砷载体，会给周围环境中引入较多的污染。对于同种母质来源的土壤，土壤质地可能是决定其中砷浓度的主要因素。

（三）有机质

有机质是土壤的重要组成层部分，土壤有机质会通过竞争吸附、络合和氧化还原过程，影响砷的形态和移动性。在对孟加拉国沉积物的研究中发现，有10%~30%的砷与固相有机质相结合（Anawar，2003）。有机质会减少铁锰氧化物对砷的吸附，从而增加砷的释放。如腐殖酸不仅可通过竞争作用，减少砷在固相表面的吸附，增强砷的溶出和迁移性，而且，还可与砷结合生成络合物，这种络合物不易被固相吸附，所以会滞留在土壤溶液中。此外，溶解态有机碳（DOC）也可能会刺激Fe（Ⅲ）还原菌的生成，促进微生物对FeOOH的还原，因此增加土壤溶液中As（Ⅲ）的释放（Chen，2016）。

（四）硝酸盐

与磷酸盐易吸附在难溶态的含Al^{3+}、Fe^{3+}、Ca^{2+}化合物不同，硝酸盐

(NO_3^-）易溶于水，在水中的扩散系数接近自由溶液，约 $10^{-10}/(m^2·s)$（Tinker，2000）。硝酸盐是无机氮的主要形式，在厌氧环境中可用作强氧化剂。研究已经发现 NO_3^- 可通过干扰环境中的微生物氧化 Fe（Ⅱ）和 As（Ⅲ）。化能无机自氧性反硝化微生物可使 NO_3^- 部分脱氮形成亚硝酸盐，或完全脱氮，生成 N_2。在 As 污染土壤和厌氧湖水中已经发现一些微生物可利用 As（Ⅲ）作为电子供体、NO_3^- 电子受体，从而氧化 As（Ⅲ）。因此，在还原环境中应用 NO_3^-，促使 As（Ⅲ）向 As（Ⅴ）转化，是降低 As 毒性的可选方法之一。Lin（2018）发现硝酸盐的加入能刺激稻田土壤中 As（Ⅲ）氧化，可有效减少水稻植株内 As 积累。

第五节 土壤汞污染与运移特征

一、土壤汞污染和分布特征

汞是一种毒性比较大的有色金属，在自然界中以金属汞、无机汞和有机汞的形式存在。我国被认为是全球最大的汞排放国家，长期大规模开采与冶炼导致矿区环境汞污染严重，主要集中在贵州、四川、重庆、陕西、辽宁、山东、广东、广西、湖南等地（洪坚平，2011）。我国西南部地区的土壤汞背景值高，特别是贵州汞矿物周围的土壤背景值高达 9.6~155.0 mg/kg。由于汞与有机质结合和络合能力较强，汞在矿区和冶炼厂周围的有机质含量高的土壤中富集能力也较强。

二、汞在土壤中的迁移转化

汞在土壤中像其他元素一样，通过物理和生物地球化学循环发生迁移和转化。汞是一种特殊的重金属，它不仅可以通过土壤侵蚀、淋溶、植物吸收而迁移，还可以从土壤中自然挥发。尽管土壤对汞具有很强的固定作用，土壤中的汞仍然可以通过微生物进行转化，无机汞可以转化为毒性更强的有机汞。黏土矿物特别是铁铝氧化物可以影响土壤剖面汞的分布。也有研究表明土地利用方式的变化和肥力的下降会影响土壤汞的浓度（Mainvilie，2006）。此外，植物也可以通过根部向植物组织或者大气中迁移汞，不同的植物迁移汞的能力也不相同。

土壤汞迁移的途径主要有自然的挥发、植物的吸收、径流冲刷以及纵向迁移。一般有机汞的挥发性要大于无机汞。土壤挥发性汞释放通量受大气气温的制约，一般白天要高于夜间；在大气气温接近的情况下，土壤中总汞的含量越高，释放通量也越大。此外，土壤中由于假单胞细菌属的某种菌种可以将Hg^{2+}还原成Hg，而且这一过程被认为是汞从土壤中挥发的基础。可见，汞可以通过土壤微生物的作用和植物的蒸腾作用被释放到大气中去。大量的研究表明，土壤中的汞可以部分地被植物所吸收，其累积程度随土壤污染程度的增加而增加。此外，地表径流对土壤的侵蚀会导致土壤汞的迁移，从而导致水体污染。

土壤中汞的形态直接影响汞在土壤中的转化，汞在土壤中转化模式如图3-2所示。一般土壤中的汞分为有机态和无机态两种，也可分为水溶态、交换态、碳酸盐结合态、铁锰氧化态、有机结合态和残渣态。在一定条件下，各种形态的汞在土壤中可以相互转化。大量研究表明影响土壤中相互转化的主要因素有土壤pH值、Eh、有机质含量、微生物等。微生物对汞的挥发已经成为环境工程研究的热点。自然界中存在许多微生物具有抗汞的能力，现在发现细菌具有较大的抗汞能力，其中包括革兰氏阳性和革兰氏阴性细菌，如金黄色葡萄球菌、假单胞菌等（池振明，2005）。这些微生物广泛分布在有重金属汞污染的土壤、海洋、水体和底泥中。一般情况下，有不少微生物携带有抗汞质粒。微生物之所以能抗汞离子和有机汞，其根本原因在于这些微生物能从培养基中除去这种重金属，这些微生物还能合成含巯基的化合物，巯基与汞化合物结合，从而降低了汞对细胞的毒性。另外，这些微生物细胞膜上存在有阻碍Hg^{2+}进入细胞的结构，从而限制了Hg^{2+}进入细胞。更重要的是微生物可以把

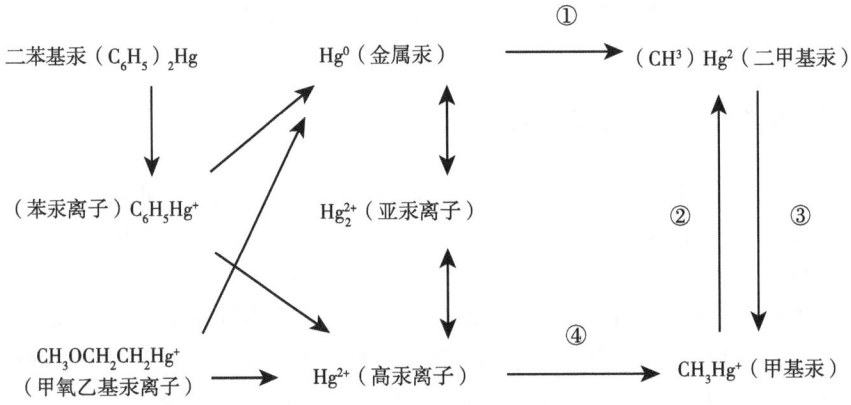

①酶的转化（厌氧）；②酸性环境；③碱性环境；④化学转化（需氧）

图3-2 汞在土壤中的转化模式

Hg^{2+} 还原成元素汞,而元素汞具有挥发性和低水溶性,从产生元素汞的地方消失。

三、影响土壤汞运移的因素

富啡酸、胡敏酸、有机质和碳酸盐含量对土壤汞形态分布影响较大。

汞与其他金属的不同点是在正常的 Eh 和 pH 值范围内,汞能以零价存在于土壤中。在适宜的土壤 Eh 和 pH 值下,汞的 3 种价态间可相互转化。一般来说,较低的 pH 值利于汞化合物的溶解,因而土壤汞的生物有效性较高;而在偏碱性条件下,汞的溶解度降低,在原地累积;但当 pH 值>8 时,因 Hg^{2+} 可与 OH^- 形成络合物而提高溶解度,亦使其活性增大。氧化条件下,除 $Hg(NO_3)_2$ 外,汞的二价化合物多为难溶物,在土壤中稳定存在;还原条件下,汞以单质形态存在。值得一提的是,倘若 Hg^{2+} 在含有 H_2S 的还原条件下,将生成极难溶的 HgS 残留于土壤中;当土壤中氧气充足时,HgS 又可氧化成可溶性的硫酸盐 $HgSO_3$ 和 $HgSO_4$,并通过生物作用形成甲基汞被植物吸收。

土壤中各类胶体对汞均有强烈的表面吸附和离子交换吸附作用,汞进入土壤后,95%以上的汞能迅速被土壤吸附或固定,汞在土壤中一般累积在表层。Hg^{2+}、Hg_2^{2+} 可被负电荷胶体吸附,而 $HgCl_3^-$ 被带正电荷胶体吸附。不同黏土矿物对汞的吸附能力主要表现为:蒙脱石、伊利石类>高岭石类。有机质的存在可能促进土壤对汞的吸附。这与土壤有机质含有较多的吸附点位有关。不同土类对汞的固定能力依次为:黑土>棕壤>黄棕壤>潮土>黄土,此趋势与土壤中有机质含量高低分布是一致的。在弱酸性土壤中(pH 值<4),有机质是吸附无机汞离子的有效物质;而在中性土壤中,铁氧化物和黏土矿物的吸附作用则更加显著。此外,汞的吸附还受土壤 pH 值影响。当土壤 pH 值在 1~8 范围内,随 pH 值增大,土壤对汞的吸附量增加;当 pH 值大于 8 时,吸附量基本不变。

汞从土壤中的释放主要源于土壤中微生物的作用,使无机汞转化为易挥发的有机汞及元素汞。一般而言,土壤汞含量越高,其释放量越大;开始阶段,汞在土壤中的释放随时间增加而增加,但一定时间后释放量已不明显;温度越高土壤汞释放率越高,因此土壤汞的释放率:白天>夜间,夏季>冬季。同一土壤经不同汞化合物处理的研究表明,土壤汞挥发量的大小顺序为:$HgCl_2$>$Hg(NO_3)_2$>$Hg(C_2H_3O_2)_2$>HgO>HgS,而不同质地土壤汞的挥发率大小则为:沙土>壤土>黏土。有机络合剂(如腐殖质)和无机络合剂(如 Cl^-,Br^-)浓度增加时,增加了土壤汞形成络合物的数量,相应降低微生物可利用

的 Hg^{2+} 数量，最终降低了土壤汞的挥发量。

有机汞毒性远大于无机汞，土壤中任何形式的汞（包括金属汞、无机汞和其他有机汞）均可在一定条件下转化为剧毒的甲基汞，因此汞的甲基化最受人的关注。首先无机汞可在微生物作用下转化为甲基汞，转化模式如下。

$$Hg^{2+}+2R-CH_3 \rightarrow CH_3-Hg-CH_3 \rightarrow CH_3Hg^+ + CH_3^+Hg^{2+}+R-CH_3 \rightarrow CH_3-Hg^+ \rightarrow CH_3HgCH_3$$

即无机汞在厌氧条件下主要形成二甲基汞，介质呈微酸性时，二甲基汞进一步转化为脂溶性的甲基汞，可被微生物吸收、积累，并进入食物链造成人体危害；而在好氧条件下，则主要形成甲基汞。自然界中亦存在非生物甲基化过程，如在 $HgCl_2$ 与醋酸、甲醇、甲醛、α-氨基酸共存溶液中，受紫外光的照射可以产生甲基汞。

$$CH_3CHO+HgCl_2 \rightarrow CH_3HgCl$$

土壤酸度增加，汞离子有效性增加，利于提高汞的甲基化程度。低浓度硒（Ⅳ）促进汞的甲基化，而高浓度硒（Ⅴ）明显抑制汞的甲基化。

此外，当微生物对甲基汞的累积量达到的毒性耐受点时，会发生反甲基化作用，分解成甲烷和元素汞，这种反应在好氧和厌氧条件下均可发生。而且甲基汞还可以在紫外线的作用下，发生光化学反应，其分解反应如下。

$$(CH_3)_2Hg \rightarrow 2CH_3+Hg^0$$

土壤中一价汞与二价汞离子之间可发生化学转化：$2Hg^+ = Hg^{2+}+Hg^0$，实现了无机汞、有机汞和金属汞的转化。此外，无机配位体（OH^- 和 Cl^-）对汞的络合作用可提高汞化合物的溶解度，促进汞在土壤中的迁移（张乃明，2013）。

可见，元素汞及其各种类型汞化合物，在土壤环境中是可以相互转化的，只是在不同的条件下，其迁移转化的主要方向有所不同而已。

参考文献

陈凌，2009. 土壤镉污染的植物修复作用 [J]. 无机盐工业，41（2）：45-47.

陈英旭，骆永明，朱永官，等，1994. 土壤中铬的化学行为研究Ⅴ. 土壤对 Cr（Ⅲ）吸附和沉淀作用的影响因素 [J]. 土壤学报（1）：77-85.

池振明，2005. 现代微生物生态学 [M]. 北京：科学出版社.

刘云惠，魏显有，王秀敏，等，2000. 土壤中铬的吸附与形态提取研究

[J]. 河北农业大学学报 (1): 16-20.

潘茂华, 朱志良, 2013. 自然环境中砷的迁移转化研究进展 [J]. 化学通报 (5): 399-404.

商建英, 2003. 镉在土壤中吸附特性的研究及运移动态的数值模拟 [D]. 北京: 中国农业大学.

张继明, 涂勇, 吴广翠, 等, 2008. 火焰原子荧光分光光度法测定粮食中的镉 [J]. 粮油仓储科技通讯, 24 (3): 50-51.

张磊, 宋凤斌, 2005. 土壤吸附重金属的影响因素研究现状及展望 [J]. 土壤通报 (4): 628-631.

张增强, 1998. 重金属镉在土壤中吸持/释放及运移特征的研究 [D]. 杨凌: 西北农林科技大学.

ACKERLEY D F, GONZALEZ C F, KEYHAN M, et al., 2004. Mechanism of chromate reduction by the Escherichia coli protein, NfsA, and the role of different chromate reductases in minimizing oxidative stress during chromate reduction [J]. Environmental Microbiology, 6 (8): 851-860.

ANAWAR H M, AKAI J, KOMAKI K, et al., 2003. Geochemical occurrence of arsenic in groundwater of Bangladesh: sources and mobilization processes [J]. Journal of Geochemical Exploration, 77 (2-3), 109-131.

BINGHAM F T, GARRISON S, STRONG J E, 1986. The effect of sulfate on the availability of cadmium [J]. Soil Science, 141: 172-177.

BUERGE I J, HUG S J, 1998. Influence of organic ligands on chromium (Ⅵ) reduction by iron (Ⅱ) [J]. Environmental Science & Technology, 32: 2092-2099.

CHEN Z, WANG Y, XIA D, et al., 2016. Enhanced bioreduction of iron and arsenic in sediment by biochar amendment influencing microbial community composition and dissolved organic matter content and composition [J]. Journal of Hazardous Materials, 311: 20-29.

DONG D, ZHAO X, HUA X, et al., 2007. Lead and cadmium adsorption onto iron oxides and manganese oxides in the natural surface coatings collected on natural substances in the Songhua River of China [J]. Chemical Research in Chinese Universities, 23 (6): 659-664.

FENDORF S E, 1995. Surface reactions of chromium in soils and waters [J]. Geoderma, 67: 55-71.

GRANT C A, BAILEY L D, 1998. Nitrogen, phosphorus and zinc

management effects on grain yield and cadmium concentration in two cultivars of durum wheat [J]. Canadian Journal of Plant Science, 78: 63-70.

HELLERICH L A, NIKOLAIDIS N P, 2005. Studies of hexavalent chromium attenuation in redox variable soils obtained from a sandy to sub-wetland groundwater environment [J]. Water Research, 39, 2851-2868

HEM J D, 1976. Geochemical controls on lead concentrations in stream water and sediments [J]. Geochimica Et Cosmochimica Acta, 40 (6): 599-609.

KUMARATHILAKA P, SENEWEERA S, MEHARG A, et al., 2018. Arsenic speciation dynamics in paddy rice soil-water environment: sources, physico-chemical, and biological factors-a review [J]. Water Research, 140: 403-414.

LI Y M, CHANEY R L, SCHNEITER A A, 1994. Effect of soil chloride level on cadmium concentration in sunflower kernels [J]. Plant and Soil, 167: 275-280.

LIN Z, WANG X, WU X, et al., 2018. Nitrate reduced arsenic redox transformation and transfer in flooded paddy soil-rice system [J]. Environmental Pollution, 243: 1015-1025.

MAINVILLE N J, WEBB M, LUCOTTE R, et al., 2006. Decrease of soil fertility and release of mercury following deforestation in the Andean Amazon, Napo River Valley, Ecuador [J]. Science of Total Environment, 368: 88-98.

MURRAY B, MCBRIDE M B, 2002. Cadmium uptake by crops estimated from soil total Cd and pH [J]. Soil Science, 167 (1): 62-67.

NORVELL W A, WU J, HOPKINS D G, et al., 2000. Association of cadmium in durum wheat grain with soil chloride and che-late-extractable soil cadmium [J]. Soil Science Society of America Journal, 64: 2162-2168.

SINGH B R, KRISTEN M, 1998. Cadmium uptake by barley as affected by Cd sources and pH levels [J]. Geoderma, 84: 185-194.

STENGER P C, PALAZOGLU O A, ZASADZINSKI J A, 2009. Mechanisms of polyelectrolyte enhanced surfactant adsorption at the air-water interface [J]. Biochimica et Biophysica Acta (BBA) -Biomembranes, 1788 (5): 1033-1043.

TINKER P B, NYE P H, 2000. Solute movement in the rhizosphere [M]. Oxford, UK: Oxford University Press.

WILBUR S B, 2000. Toxicological profile for chromium. US Department of Health and Human Services, Public Health Service, Agency for Toxic Substances and Disease Registry.

ZAYED A M, TERR Y N, 2003. Chromium in the environment: factors affecting biological remediation [J]. Plant Soil, 249: 139-156.

第四章 重金属在土壤—植物系统中的迁移累积

重金属在土壤—植物系统中的迁移累积行为是目前研究的热点问题。许多研究表明，由于土壤的pH值、有机质、黏土矿物、氧化还原条件等理化性质以及系统中微生物的活性、植物的生理机制和植物种类等的影响，重金属在系统中呈现不同的化学形态和迁移能力。土壤中重金属污染的严重性及其在环境中的生物有效性和迁移转化行为不完全取决于总量，而是取决于重金属的化学形态。其中土壤有机质的含量及其pH值的变化是影响重金属化学形态迁移转化最重要的因素。相关研究（廖敏，1999；陈英旭，2000）发现，随着土壤中有机质含量和pH值的上升，大部分的重金属元素会因吸附或者形成络合物而导致浓度的降低，土壤重金属的生物有效性和迁移能力降低。

植物通过根系毛细胞的作用吸收土壤中的重金属，然后富集在植物的根、茎、叶和果实部分。不同的植物种类从土壤中吸收转移重金属的能力有所不同，同种植物对不同重金属的转移能力也不同，国外有研究表明，植物也能将土壤中不溶态的重金属活化，从而将活化的重金属通过根系运输到植物的茎、叶和果实等地上部分，提高土壤重金属的生物有效性和迁移能力；在复合污染条件下重金属之间的联合作用、协同与拮抗作用会引起某种重金属元素的生物活性和毒性的变化（贾建丽，2012）。

第一节 土壤—植物系统中镉的迁移与累积

一、镉在植物体内的迁移

土壤镉转移至植物系统中主要经历土壤镉进入植物根系、根系镉转移至植物茎部、茎部镉转移至叶片3个过程。镉从根到叶的运输主要是通过镉进入木质部导管进行的，木质部导管参与水和溶解盐的运输。土壤中的镉进入植物根系的第一种方式为镉受到植物蒸腾作用产生的拉力,在植物吸收水分的同时到达植物根部。第二种方式是镉的扩散作用。

镉通过植物根部细胞的主动运输和被动运输转运到植物体内,例如土壤中Cd可以通过Fe^{2+}、Ca^{2+}、Zn^{2+}、Cu^{2+}和Mg^{2+}等非特异的转运蛋白进入植物细胞(Lugany,2012)。共质体途径和质外体途径都可以使重金属到达植物的茎中。质外体途径允许可溶性金属部分在不进入细胞和通过细胞内空间的情况下移动。共质体途径通过消耗能量使镉等在细胞质中移动。不同的植物利用多种机制吸收镉,所以镉的运输途径不同。镉离子或镉的多种螯合物可以通过共质体途径和质外体途径完成木质部装载,重金属镉在蒸腾作用的拉力作用下通过木质部的装载向上运输。木质部装载是指养分从中柱薄壁细胞向木质部导管的转移过程,实际上是离子自共质体向质外体的过渡过程,从而实现重金属镉的运输。茎部向上的运输使重金属镉进入植物的叶片和籽粒,同时也会从大气中吸收部分重金属镉积累下来。在这些过程中,转运蛋白参与了重金属镉的吸收和储存,并且有时会有能量的消耗。

二、镉在植物体内的累积

镉在植物体内的分布量通常是根>茎>叶>籽实,如大豆根系吸收的镉约有98%滞留在根中,只有2%被运输到茎,结实期间少量被迁移到种子中。然而在重金属富集植物中例外,其茎叶部重金属含量通常高于根部。

(一)镉在叶片中的分布

叶片细胞中的镉主要来源于从维管束到叶片组织的水分迁移,说明蒸腾作用对叶片中重金属的累积起重要作用。与根部细胞不同,液泡是叶肉细胞中镉的主要解毒结构,其中,谷胱甘肽可以与镉形成复合物,并通过一种与谷胱甘肽硫转移酶类似的蛋白质将之隔离在液泡中。液泡膜上存在Cd/H反向载体,Km值约为5.5 $\mu mol/L$(Gonzalez,1999),可将镉运输到液泡中。在玉米叶片中,镉存在于表皮、外部叶肉层和木质部的细胞壁中。与根部细胞相似,叶片细胞的细胞壁同镉的结合降低了细胞液中镉含量,从而减少了镉对叶组织细胞内部的毒害。但在叶片中,细胞壁的截留作用仅起次要的作用,主要的解毒机制还是在液泡中。

(二)镉在籽实中的累积

在植物体中镉在籽实中的累积含量最少,表明在根部和茎部可能存在一定的保护机制,降低了籽实中镉的累积。对小麦籽粒进行同位素标记研究表明,低浓度镉(0.1~10 $\mu mol/L$)处理下,镉主要通过韧皮部进入籽粒;高浓度时

(100~1 000 μmol/L)，镉则主要停留在原标记部位。对水稻的研究表明，镉大量积累于糊粉层中，将糙米加工成精米时，镉含量下降为 75.9%。而将小麦加工成面粉后镉残量仅为 38.3%。对不同作物籽实中镉分布的研究表明，胚中的镉浓度明显高于胚乳，说明镉易聚集在蛋白质含量较高的部位，呈现与蛋白质相结合的形态。但由于胚乳是籽实最主要的部分，通常可占籽粒总重量的 70%~80%。因此就金属的总量而言，胚乳中镉所占比例则占绝对优势，为 67%~70%。籽粒中镉的积累是植物体内镉重新分配的结果。茎叶中的镉可以运输至籽粒中，而进入籽粒中的镉则被固定，几乎不再向其他部位运输，表明镉的运输可能与光合产物的运输相关联。此外，镉进入籽粒也与植物的品种和其他金属离子有关：锌可抑制镉在韧皮部的装载和运输，因此可以减少韧皮部运输中镉向籽粒的迁移。

三、影响植物吸收镉的因素

植物对土壤中镉的吸收和积累受许多因素的影响，主要包括土壤 pH 值，土壤的物理化学性质，镉的形态，土壤中矿物元素如钙、锌、铁、氯、金属螯合物的含量，作物种类、品种及耕作方式等。

（一）碱性稳定剂

有研究表明，添加碳酸钙后，土壤交换态镉含量显著下降，专性吸附态镉、铁锰氧化物交换镉含量显著增加。添加碳酸钙可显著增加土壤 pH、土壤饱和浸提液 Ca^{2+} 浓度及 Ca^{2+}/Cd^{2+} 比值，并显著降低 Cd^{2+} 浓度，从而降低了土壤植物体系的镉毒害（周卫，2001）。

（二）铁、锌

缺铁水稻根分泌物和缺铁小麦根分泌物均能活化根际的难溶性镉，并能促进对这部分镉的吸收和运输，但两者的活化强度不同，缺铁小麦根际分泌物对镉的活化作用较缺铁水稻根际分泌物强（刘文菊，1999）。铁和镉之间的拮抗作用在烟草、番茄中已有报道，但其在白三叶草中的表现与此相反，可能与不同作物对镉毒的胁迫及两者之间相互作用机制的不同有关。锌缺乏会使作物对镉的吸收增加。用低剂量锌（10 kg/hm²）处理近于缺锌的小麦，发现施用锌肥可以显著降低小麦中的镉含量。相对于锌来说，大多数作物在其籽实、果实和茎块形成期间，都会排斥镉向可食部分迁移，然而在淹水土壤中生长的水稻却例外。当其籽粒锌含量仍处于背景水平时，镉含量就已大大增加。这是因为在淹水土壤中，锌与硫合成硫化锌，镉与硫形成硫化镉，但硫化镉会迅速氧化，从而促进水稻对镉的吸收。Chaney 试验表明，即使是在锌含量超过

6 000 mg/kg 的土壤中生长的水稻，其籽实的锌含量也没有超过未污染土壤中生长的水稻的锌的浓度。故以水稻为主食的人极易引起铁、钙、锌缺乏，从而增加镉的摄入和体内积累。

（三）pH 值与有机质

一般来说，田间作物的镉含量与土壤 pH 值呈负相关，土壤 pH 值越低，镉被解吸的越多，其生活度就越强，从而加大了土壤镉向植物体内的迁移量。Gaci 的试验表明：当土壤 pH 值从 4.5 增加到 6.2 时，小麦籽实中的镉浓度下降 4 倍左右。通常，增加土壤的 pH 值会降低自由 Cd^{2+} 的浓度，土壤 pH 值从 5.6 增加到 6.9 会使其溶液中 Cd^{2+} 浓度下降 5.7 倍，但马铃薯根茎的镉含量只下降 1.2 倍。这种情况可能与土壤 pH 值增高使根部吸收 Cd^{2+} 的亲和力增强，从而阻碍了土壤 pH 值对 Cd^{2+} 的吸收有关。有机物料的施用会影响作物对镉的吸收及运输。有研究表明有机物料的施用有效降低了土壤中有效态镉含量（张亚丽，2001）。其中猪粪效果优于秸秆类，有机物料的施用使交换态镉向弱结合有机态转化。添加猪粪对不同土壤类型的镉的形态影响不同：一是显著降低了红壤交换态镉含量；二是显著提高红壤有机态镉含量；三是未对潮土各形态镉含量产生较大影响。另外，土壤中有机质对镉的络合作用也可能对镉在植物中的迁移产生重要影响。张秋芳等（2002）研究表明，有机质的腐殖酸中，胡敏酸、胡敏素和金属形成难溶的络合物。施用猪粪和泥炭的土壤胡敏素含量与根系、茎叶对镉的吸收量呈相反的趋势。

（四）植物种间与品种间的差异

作物种间和不同品种间对镉的积累和耐性存在着明显差异。Yin Li 等报道，莴苣、亚麻、向日葵、硬粒小麦、花生等作物较易积累镉。杨居荣等（1994）发现，禾谷类作物对镉的耐性普遍高于蔬菜类。Authur 等根据体内镉的积累量把植物分为低积累型（如豆科）、中积累型（如禾本科）、高积累型（如十字花科）3 种类型。蔬菜在相同处理浓度条件下，吸收镉的能力表现为小白菜>萝卜和莴苣>辣椒>豇豆。晚稻对镉的富集能力要比早稻高 18.5%。有报道表明，大豆、玉米、莴苣、马铃薯、小麦和水稻等作物镉积累量品种间差异显著（邬飞波，2002）。至于镉在植物体内运输、分配方面，抗性菜心品种镉向食用部分迁移率低，而植物体内水溶性镉浓度较低。吴启堂等（1999）通过土培和水培种植水稻试验表明，不同品种水稻其糙米含镉量具有明显差异，作物品种间相差可达 1 倍。通常，杂交水稻浓度较高，优质（如丝苗）或特用（如黑糯）稻米含镉较低，而且不同品种水稻镉向糙米的迁移率差异明显。

第二节　土壤—植物系统中铬的迁移与累积

一、铬在植物体内的迁移

铬在植物体内的转运和积累取决于介质中铬的供给形态、铬的浓度及植物的种类和器官等。铬的有机结合态能够促进铬对植物的有效性。例如，小麦植株在含有氯化铬和草酸、苹果酸或者甘氨酸的混合液体培养基中培养时，要比它们在仅含有铬的培养基中培养时在根系中富集更多的铬。作物对六价铬和三价铬的吸收量、吸收速度及累积部位因作物种类而异（郭琦，2005）。如烟草对六价铬有选择吸收，而玉米则有拒绝吸收六价铬的特征，水稻对三价铬和六价铬均能吸收，但吸收六价铬的量远大于三价铬，并且六价铬易于从茎叶转移到籽实中，而三价铬转移较少。大多数情况下，铬在植物根的积累量是茎和其他组织的 10~100 倍（Srivastava，1998）

二、铬在植物体内的累积

目前，针对植物对铬吸收累积的研究较多。铬可以以 Cr（Ⅲ）和 Cr（Ⅵ）的形式被植物根系吸收。在流动营养液中添加相同浓度的 Cr（Ⅲ）和 Cr（Ⅵ），对植物的有效性几乎相同，但植物对两种离子的吸收机制并不一样。植物对 Cr（Ⅲ）的吸收是被动的过程，Cr（Ⅵ）是主动吸收，需要借助于转运硫的载体，但是 Cr（Ⅵ）和硫载体的结合能力比较低。使用新陈代谢抑制剂（如叠氮化钠或二硝基酚）可以抑制大麦幼苗对 Cr（Ⅵ）的吸收但对 Cr（Ⅲ）没影响。硫酸根离子与硫载体的结合能力比 Cr（Ⅵ）大得多，能够抑制 Cr（Ⅵ）的吸收，Ca^{2+} 对 Cr（Ⅵ）的吸收有一定的促进作用，但机理还不清楚。植物可以吸收根际中游离的铬及其化合物，吸收的效率与铬的价态及与它结合的基团有关。另外，植物对 Cr（Ⅲ）和 Cr（Ⅵ）的吸收还受 pH 值的影响，pH 约为 6.2 时小麦对 Cr（Ⅵ）的吸收量最大，pH 为 7 时对 Cr（Ⅲ）的吸收量最低。植物对 Cr（Ⅲ）和 Cr（Ⅵ）的吸收机制是不同的，对大麦的研究表明，Cr（Ⅲ）主要以跨膜扩散的主动运输方式进入根细胞，汞对吸收 Cr（Ⅲ）没影响，Cr（Ⅵ）主要通过运输硫的载体进入根细胞，这个过程需要消耗能量，属于主动运输，因此，含硫化合物能抑制 Cr（Ⅵ）的吸收，现在发现的富铬植物都是喜硫植物（Zayed，2003）。几乎所有的研究都表明，植物虽然可以吸收铬，但其吸收的铬大部分富集在根内，转运到其他部分的很少。Pickrell 曾用涂抹的方法研究菜豆叶片对铬的吸收和转运，发现叶片也可以吸收铬并将其转运至其他部位，但其转运的量也很低。植物体内各部分的铬含量一般以根中为最高，其次是茎和叶，种子或果实中的含量很低甚至为零（李桂，2004）。另外，铬在植物体内以三价态为主，程永安等的研究表明，南瓜果肉中90%以上都是三价态的有机铬（程永安，2005）。但由此也可以猜测植物体内一定有一个铬还原的位点和途径。

三、影响植物吸收铬的因素

铬在其中的迁移转化等环境行为是在土壤 pH 值、有机质、土壤矿物、植物种类等因素综合作用下的一种表现。例如，土壤中腐殖质将 Fe（Ⅲ）还原为 Fe（Ⅱ），然后 Fe（Ⅱ）再将 Cr（Ⅵ）还原；而当 pH 值在 4.2 左右时，Fe（Ⅱ）和有机质的结合能够有效还原 Cr（Ⅵ）（Powell，1995）。因此，土壤—植物系统中的各种因素之间交互作用，相互影响，共同决定着铬的环境行为。

第三节 土壤—植物系统中铅的迁移与累积

一、铅在植物体内的迁移

与其他重金属相比，铅的迁移性较差。由于铅的迁移能力弱，进入土壤中的铅绝大部分将残留于土壤中。重金属由水稻地上部分迁移走的量很少（<2%），仍有98%残留于土壤中（刘霞，2003）。作物体内的吸收以根系的富集量最多，向籽粒迁移量极少。以水稻为例，作物根的吸收量占整个作物体吸收量的86%~99.6%，而籽粒吸收量占 0.097%~2.28%（蒋定安，2002）。只有占根部总量3%的铅可以运至地上部分。重金属主要累积于农作物的根部。茎叶和籽粒中全铅含量低于根，这与根中活性较低的形态占优势，铅难以向上运移有关。这说明铅一开始进入植物就在根部受到严重阻碍，因此很难输送到籽粒中。对同一品种的作物来讲，除了元素本身的特性外，它们的土壤化学行为，如土壤对元素的吸持，对元素在土壤—作物系统中的迁移有着重要影响。铅元素由于根系中螯合物的种类，以及在土壤中吸附强度，使进入水稻体内的铅大部分积累在根部，难于向地上部迁移。

二、铅在植物体内的累积

根系是植物直接接触土壤的器官，也是植物吸收重金属的主要器官。铅到达根表面，主要有两条途径：一是质体流途径，即污染物随蒸腾拉力，在植物吸收水分时与水一起达到植物根部；二是扩散途径，即通过扩散而到达根表面。根系对铅的吸收在前期是以表面吸附为主，吸附能力大小可能与根系的吸附表面、吸附位点、平衡浓度有关。溶液中铅浓度越高，根系吸附量相对越多。在铅被吸附到根表面后，主要是细胞的吸收过程和化学沉淀过程，该过程只有活细胞才能进行。到达植物根表面的铅进入植物体，有主动吸收，也有被动吸收。

铅一旦进入根系，可储存在根部或运输到地上部。从根表面吸收的铅能横穿根的中柱，被送入导管，进入导管后随蒸腾流被动运输到地上部。一般认为穿过根表面的铅离子到达内皮层有两条途径：一是质外体途径，即铅离子和水在根内横向迁移，到达内皮层是通过细胞壁和细胞间隙等质外体空间；二是代谢性的共质体途径，是一种代谢性的主动吸收过程，由 ATP 酶和酸性磷酸酶提供能量，通过细胞内原生质流动和通过细胞间相连接的细胞质通道。但由于内皮层上有凯氏带，铅离子不能通过，只有转入共质体后，才能进入木质部导管。Wozny et al. (1995) 认为铅进入中柱后随蒸腾流被动运输到地上部，运输过程中由于铅会与中柱内的阳离子交换位点而被固定在茎部中柱内。根部吸收的铅是植物体内铅的主要来源，其在植物体内的累积与植物体内物质的结合形态有关。进入根细胞后，铅可以游离态存在，当浓度过高的时候，会对细胞产生毒害作用，干扰细胞的正常代谢，因而细胞质中的铅会与细胞质中的有机酸、氨基酸、多肽和无机物等结合，通过液泡膜上的运输体或通道蛋白转入液泡中。因此，植物体内铅的累积分配规律为：根>茎>叶>籽粒（叶春和，2002）。从分子水平来看，胞间隙是富集铅浓度最高的部位，细胞壁和液泡次之，细胞质最低。刘云惠等（1999）通过玉米根、茎、叶上的伤流、蒸腾等试验探讨了玉米对铅的吸收及运输机制。其结果也表明：铅在植物体内活性较低，到达根部的铅大部分被固定，向地上部运输的比例较低，玉米吸收铅经共质体途径定向运输进入导管，是一个主动过程；另外大部分是通过自由铅空间被根吸收。对于超富集植物，金属阻隔在液泡中对其转运到地上部是不利的，因而在超富集植物的液泡膜上可能存在一些特殊的运输体，能把暂时贮存在液泡中的金属装载到木质部导管。

三、影响植物吸收铅的因素

（一）土壤条件

通常根系周围土壤溶液中的重金属含量是影响其生物有效性的重要因素之

一。当土壤溶液中铅浓度增加时,植物吸收的铅也会增多。而重金属含量多少受其在土壤中吸附—解吸、沉淀—溶解和氧化—还原平衡的控制,不同土壤类型上的植物对铅的吸收能力不同。另外,土壤 pH 值、有机质、阳离子交换能力、质地等不仅影响土壤中铅的有效性、也会影响铅在植物体内的形态和迁移(Chen,2002)。同时土壤中的一些阴离子也会影响铅的生物有效性。

(二) 土壤中铅的存在形态

土壤中重金属的形态受土壤物理化学性质的控制。植物吸收铅的量与总铅量呈正相关,与交换态铅量无关(Li,1996)。在一定条件下,呈吸附态和沉淀态的重金属可以在土壤溶液之间相互转化。一般 pH 降低,可使呈吸附态的重金属解吸进入土壤溶液中,从而增加植物对重金属的吸收。但 Harter(1983)指出铅在土壤中常以专性吸附态形式存在,因此降低 pH 并不能有效地增加植物对铅的吸收,而增加土壤有机质含量可使部分呈沉淀态的重金属与柠檬酸和苹果酸络合,转化为有机吸附态被植物吸收利用。

(三) 土壤中其他元素的影响

土壤中其他元素的存在可与铅发生竞争吸附、拮抗或协同的吸收作用。如在石灰性土壤中,钙与铅竞争而被植物吸收,植物体内钙的含量低时对铅有较大的敏感性。同样,缺磷的土壤,植物对铅吸收显著增加,供磷可以降低土壤中铅对植物的有效性。铅与镉的相互作用研究得较多,土壤中的镉能降低植物对铅的吸收,而铅能促使植物对镉的吸收。铅可能是夺取了镉在土壤中的吸附位点而提高了土壤中镉的有效性,或者是取代根中吸附的镉,促进了根中滞留镉的活性,使之进一步向茎叶转移。郑春荣等(1990)发现水稻对镉的吸收量和土壤中总铅、铜、锌含量呈正相关,与镉、镍呈负相关。锌能促进铅向叶片传递,硫能抑制铅由根向地上部分运输,因此,缺硫就会大大提高植物地上部铅的含量。

(四) 植物种类

不同种类或不同基因型的植物吸收铅的能力不同,如三叶草、甜菜、萝卜 3 种植物对铅的富集量依次为三叶草>甜菜>萝卜。李伟等(2001)将金属硫蛋白 αα 双突变体基因导入矮牵牛,得到了对铅具有高耐受性和吸收能力的转基因植物。Grichko(2000)将细菌中的 1-氨基环丙烷-1 羧酸(ACC)脱氨基酶基因引入到番茄后,分别在启动基因 35S、rolD 和 PRB-1b 的控制下,番茄具有了对 Pb 的耐性。

(五) 其他因素

土壤温度也会影响植物对铅的吸收,温度升高,吸收量增大。施肥也可能影响植物对铅的吸收，如有机肥的施用可降低植物对铅的吸收量，施磷肥也有相似的效果。

第四节 土壤—植物系统中砷的迁移与累积

一、砷在植物体内的迁移

环境中的砷主要以无机形态存在，As（V）和As（Ⅲ）是环境中无机砷的主要赋存形态，但在一些土壤提取物中也能发现单甲基砷（MMA）和二甲基砷（DMA）等有机砷。

在氧化条件下，As（V）是环境中砷的主要赋存形态。砷和磷为同族元素，砷酸盐与磷酸盐的化学性质相似。因此，As（V）可以通过磷的吸收转运通道进入植物体内，植物对磷、As（V）的吸收存在明显的竞争。

与As（V）不同，植物对As（Ⅲ）的吸收并不受磷酸盐影响。As（Ⅲ）主要以As（OH）$_3$形式通过NIPs转运蛋白进入植物体内（Maurel，2008）。NIPs转运蛋白属于水蛋白通道或水通道，是植物主要的内在蛋白中的一种。NIPs水通道转运蛋白能转运尿素、氨类、硅酸和硼酸等多种物质，NIPs家族对亚砷酸盐几乎都具有渗透性。水稻对As（Ⅲ）有很强的累积能力，这可能一方面是由于淹水后土壤中亚砷酸的活化作用，淹水的水稻田土壤中，亚砷酸盐是砷的主要赋存形态。土壤中亚砷酸浓度增加，其生物有效性也随之增强（Xu，2008）。另一方面是亚砷酸和硅酸的解离常数、分子结构大小较接近，亚砷酸可以通过水稻非常强的硅酸转运通道进入细胞内。

与无机的As（V）、As（Ⅲ）相比，植物对有机砷的吸收比较少。土壤中甲基类砷主要包括单甲基砷酸（MMA）和二甲基砷酸（DMA），但通常只占土壤总砷的很少一部分。甲基砷酸盐和二甲基砷酸盐通过植物质膜脂质层的速度非常慢，其渗透率仅有1.4×10^{-13} cm/s和4.5×10^{-11} cm/s，以至于这些有机砷物质很难被植物所吸收。与无机砷相比，植物对甲基砷和二甲基砷的吸收速率只有无机As（V）的1/2和1/5（Tang，2016）。

二、砷在植物体内的累积

重金属超积累植物通常具有3个特征：高效的根部吸收能力、根部到地上部的高效转运能力和植物细胞对重金属的高耐受能力。与绝大多数植物地上部砷浓度仅为40 mg/kg相比，砷超积累植物蜈蚣草地上部的砷浓度超过

22 000 mg/kg（Ma，2001）。与非超积累植物相比，蜈蚣草整体植株和单个细胞均具有很强的抗砷能力。在砷胁迫条件下，蜈蚣草体内能够产生大量的谷胱甘肽、抗坏血酸、超氧化物歧化酶和过氧化氢酶等抗氧化物质，这减少了由砷引起的氧化胁迫。将 As（V）还原为 As（Ⅲ）并储存在液泡中也是蜈蚣草抵抗砷毒性的重要机制。$PvACR_2$ 编码的砷还原酶以及液泡膜上的 $PvACR_3$ 转运蛋白具有关键作用（Indriolo，2010）。与非超积累植物通过水通道蛋白吸收 As（Ⅲ）（被动扩散过程）不同，蜈蚣草对 As（Ⅲ）的吸收主要由转运蛋白介导的主动运输过程实现，被动扩散的作用很小（Wang，2010）。目前，介导蜈蚣草吸收 As（Ⅲ）的转运蛋白还未确认。蜈蚣草木质部能够将砷高效转运至地上部，As（Ⅲ）更易被转运。

三、影响植物吸收砷的因素

岩石风化成土的过程中，砷被携带迁移至土壤中，多与铁、铝、钙、镁等形成难溶性含砷化合物，或是与铁、铝的氧化物、氢氧化物产生共沉淀吸附。以这两种形式存在的砷难以向下层或植物中迁移。另外，土壤的 pH 值、有机质含量及磷的含量会影响砷从土壤—植物中的迁移。

pH 值在 5.9~6.2 范围时，土壤中砷的富集因子 K（土壤中砷含量与岩石中砷含量的比值）随 pH 值的增加而减小，土壤的吸附砷作用减弱，砷迁移性增强；而在 pH 值在 6.2~7 范围时，K 随着 pH 值的增加而增大，砷不易迁移。

有机质含量在 0.76%~1.15% 范围内，土壤中砷的富集因子 K 随着有机质含量的增加而升高，土壤对砷的吸附能力增加，阻碍砷的迁移；在 1.15%~1.78% 时，土壤中砷含量随着有机质含量的增加而降低，土壤对砷的吸附作用减小，易于砷的迁移。

土壤中高磷浓度时与砷表现的是协同（促进）作用，随着磷的增加会促使植物对砷的吸收和积累。

第五节 土壤—植物系统中汞的迁移与累积

一、汞在植物体内的迁移

汞在作物体内的富集和迁移转化是一个复杂的动态过程，受到很多因素的影响，如土壤周边环境、土壤的理化性质、土壤和空气中汞的污染浓度和形态，以及农作物自身特性等。根部汞会迁移到植物其他部位，叶片吸收的汞也会迁移到根部，相对于总汞来说，甲基汞的迁移转化更容易进行。在适宜的条件下，以任何形态存在于环境中的汞都有可能通过生物或非生物甲基化转化为甲基汞，非生物甲基化过程则是汞通过依靠甲基化配体（腐殖酸、二甲基硫醚、碘甲烷及醋酸根）合成甲基汞（胡海燕，2011）。在天然情况下，微生物的参与下汞的甲基化更为广泛。汞也存在去甲基化作用。水地中甲基汞含量比旱地高，这是由于水环境为甲基汞提供了有利的厌氧环境。甲基汞会按照土壤—作物—人体的方向发生富集。

二、汞在植物体内的累积

汞在植物体内的分布是很不均衡的。粮食作物一般在根系中最多，茎叶次之，种子中最少；在水稻中形成根>茎叶>壳>糙米的梯度。就水稻而言，汞大部分累积在根中，仅少量转运至地上部，在谷粒中存在量甚微。

汞在植物体内的这种不均衡分布，消除了汞大量进入食物链的危险。另外，空气污染还可以通过植物地上部分吸收而进入植物体。然而人们发现植物地上部分亦有挥发释放汞的现象。例如，栽培在火山土上的鳄梨、银合欢等植物的叶子，能在室温下以挥发态释放汞，释放受温度的影响。

三、影响植物吸收汞的因素

土壤 pH 值、有机质、硫化物及氧化还原条件等因素可以影响汞在土壤中的赋存形态，从而间接影响着土壤汞的迁移和甲基化，以及植物对汞的吸收和积累。

pH 值是影响土壤重金属有效性的一个重要因子，它不仅可以通过影响土壤颗粒表面的交换性能，而且还可以改变稻田的有机物组成来改变稻田土壤溶液中汞的形态。pH 值在 3~5 范围时土壤保持 Hg^{2+} 的能力最大；发现 pH 值<7.5 时，土壤汞含量随着 pH 值的变化相对稳定；当 7.5<pH 值<9.0 时，土壤汞显著上升，同时土壤甲基汞含量也表现出较高的相似性。有研究表明，低的 pH 值有利于汞的溶出，导致生物可利用汞的含量升高，从而加快汞的甲基化过程。但是土壤环境是复杂的，土壤的不同用途可能会使 pH 对土壤汞的含量及其甲基化产生的效果不同。

土壤有机质含量与土壤中汞的迁移转化的关系比较紧密。一方面有机质含有许多种配体，例如巯基、羧基与土壤汞离子发生络合，从而降低土壤汞的迁移能力。另一方面，土壤中的有机质在分解和转化的过程中产生的富里酸有利于汞的迁移，而腐殖酸对结合态汞具有抑制和活化的双重作用。腐殖酸的添加可以抑制土壤汞的甲基化，但是能使土壤孔隙水中汞的含量升高，以及促进水稻地上组织对甲基汞的吸收（高润霞，2020）。

由于含铁的化合物能够吸附汞，所以一般情况下含铁矿物的含量越高，土壤汞的含量也就越高。土壤中的元素硫能够被硫氧化细菌氧化为 SO_4^{2-}，同时降低土壤 pH，增大重金属的迁移性和植物有效性，从而提高植物对重金属的吸收积累（孙丽娟，2014）。在稻田这一生态系统中，硫和铁的循环可以影响稻田汞的生物有效性，从而对汞的甲基化过程产生影响。Zhao et al.（2016）对矿区水稻汞的研究发现，水稻生长季节的 Fe^{2+} 与硫（S^{2-}/SO_4^{2-}）的呈显著负相关，Fe^{2+} 与硫形成的固体硫化铁可以吸附 Hg^{2+}，使其沉淀下来，降低孔隙水中能够甲基化的生物可利用性汞的含量，进而影响稻田汞的甲基化进程。硫酸盐的提高有利于甲基汞的产生主要是通过刺激甲基化微生物的活性来呈现的。土壤中的 $S_2O_3^{2-}$ 能够与汞形成 $HgS_2O_3^{2-}$ 配合物，从而提高植物对汞的吸收累积。

参考文献

陈英旭，林骑，陆芳，等，2000. 有机酸对铅、镉植株危害的解毒作用研究 [J]. 环境科学学报，20（4）：467-472.

程永安，张恩慧，2005. 南瓜中的铬作为人体铬源研究 [J]. 微量元素与健康研究，28（2）：28-30.

高润霞，罗文倩，胡海艳，等，2020. 稻田土壤中汞的微生物甲基化研究进展 [J]. 宁夏农林科技，61（1）：46-49.

郭琦，2005. 土壤—植物系统中的铬 [J]. 广州化工，33（5）：38-51.

胡海燕，冯新斌，曾永平，等，2011. 汞的微生物甲基化研究进展 [J]. 生态学杂志（5）：874-882.

贾建丽，于妍，王晨，2012. 环境土壤学 [M]. 北京：化学工业出版社.

蒋定安，汤旭东，2002. 宜兴市农田保护区重金属铅污染状况研究 [J]. 土壤，34（3）：156-159.

李伟，张竟，张晓钰，等，2001. 转金属硫蛋白 aa 突变体基因的矮牵牛对铅的抗性及富集的研究 [J]. 生物化学与生物物理进展，28（3）：405-409.

廖敏，黄昌勇，谢正苗，1999. pH 对镉在土水系统中的迁移和形态的影响 [J]. 环境科学学报，19（1）：81-86.

刘文菊，张西科，1999. 根表铁氧化物和缺铁根分泌物对水稻吸收镉的影

响 [J]. 土壤学报, 36 (4): 463-468.

刘霞, 刘树庆, 唐兆宏, 2003. 潮土和潮褐土中重金属形态与土壤酶活性的关系 [J]. 土壤学报, 40 (4): 581-587.

刘云惠, 魏显有, 王秀敏, 等, 1999. 土壤中铅镉的作物效应研究 [J]. 河北农业大学学报, 22 (1): 24-28.

孙丽娟, 段德超, 彭程, 等, 2014. 硫对土壤重金属形态转化及植物有效性的影响研究进展 [J]. 应用生态学报, 25 (7): 2141-2148.

邬飞波, 张国平, 2002. 不同镉水平下大麦幼苗生长和镉及养分吸收的品种间差异 [J]. 应用生态学报, 1312: 1595-1599.

肖玲, 薛澄泽, 1990. 塿土中铬对玉米、小麦生长发育的影响 [J]. 西北农业大学学报, 18: 71-75.

李桂菊, 2004. 铬在植物及土壤中的迁移与转化 [J]. 中国皮革, 33 (5): 30-34.

叶春和, 2002. 紫花苜蓿对铅污染土壤修复能力及其机理研究 [J]. 土壤与环境, 11 (4): 331-334.

张亚丽, 沈其荣, 姜洋, 2001. 有机肥料对镉污染土壤的改良效应 [J]. 土壤学报, 38 (2): 212-218.

郑春荣, 陈怀满, 1990. 土壤—水稻体系中污染重金属的迁移及其对水稻的影响 [J]. 环境科学学报, 10 (2): 145-152.

CHEN X T, WANG G, LIANG Z C, 2002. Effect of amendments on growth and element uptake of Pakchoi in a cadmium, zinc and lead contaminated soil [J]. Pedosphere, 12 (3): 243-250.

GONZALEZ A, KOREN'KOV V, WAGNER G, 1999. A camparison of Zn Mn Cd and Ca transport mechanisms no at root tonoplast vesicles [J]. Plant Physiology, 106: 203-209.

GRICHKO V P, 2000. Increased ability of transgenic plants expressing the bacterial enzyme ACC deaminase to accumulate Cd, Co, Cu, Ni, Pb and Zn [J]. Journal of Biotechnology, 81: 45-53.

HARTER D D, 1983. Effect of soil pH on adsorption of lead, copper, zinc and nickle [J]. Soil Science Society of America Journal, 47: 47-51.

INDRIOLO E, NA G, ELLIS D, et al., 2010. A vacuolar arsenite transporter necessary for arsenic tolerance in the arsenic hyperaccumulating fern Pteris vittate is missing in flowering plants [J]. Plant Cell, 22: 2045-2057.

LI Y M, CHANEY R L, ANGLE J S, et al., 1996. Genotypical difference in zinc and cadmium hyperaccumulation in Thlaspi caerulescences [J]. Agron. Abstr., 27.

LUGANY M, MIRLLES R, CORRALES I, et al., 2012. Cynara cardunculus a potentially useful plant for remediation of soils polluted with cadmium or arsenic [J]. Journal of Geochemical Exploration, 123 (12): 122-127.

MA L Q, KOMAR K M, TU C, et al., 2001. A fern that hyperaccumulates arsenic [J]. Nature, 409: 579.

MAUREL C, VERDOUCQ L, LUU D T, et al., 2008. Plant aquaporins: membrane channels with multiple integrated functions [J]. Annual Review of Plant Biology, 59: 595-624.

POWELL R M, PULS R W, HIGHTOVER S K, et al., 1995. Coupled iron Fcomoson and chromate reduction: mecharisms for subsurface remediation [J]. Environmental Science & Technology, 29: 1913-1922.

SRIVASTAVA S, SHANKER K, SRIVASTAVA S, et al., 1998. Effect of selenium supplementation on the uptake and translocation of chromium by spinach (Spinaceaol-eracea) [J]. Bulletin of Environmental Contamination and Toxicology, 60: 750-758.

TANG Z, KANG Y, WANG P, et al., 2016. Phytotoxicity and detoxification mechanism differ among inorganic and methylated arsenic species in Arabidopsis thaliana [J]. Plant and Soil, 401 (1-2): 243-257.

WANG X, MA L Q, RATHINASABAPATHI B, et al., 2010. Uptake and translocation of arsenite and arsenate by Pteris vittata L: effects of silicon, boron and mercury [J]. Environmental and Experimental Botany, 68, 222-229.

WOZNY A, SCHNEIDER J, GOOZDZ E A, 1995. The effect of lead and kinetin on green barley leaves [J]. Biology Plant, 37: 541-552.

XU X Y, MCGRATH S P, MEHARG A A, et al., 2008. Growing rice aerobically markedly decreases arsenic accumulation [J]. Environmental Science & Technology, 42 (15): 5574-5579.

ZAYED ADEL M, 2003. Chromium in the environment: factors affecting biological remediation [J]. Plant and Soil, 249: 139-156.

ZHAO L, QIU G, ANDERSON C, et al., 2016. Mercury methylation in rice paddies and its possible controlling factors in the Hg mining area, Guizhou province, Southwest China [J]. Environment Pollution, 215: 1-9.

第五章 重金属污染土壤修复与利用技术

土壤重金属污染来源广泛、危害严重,已经成为耕地生产障碍修复利用的热点与难点。耕地生产障碍修复利用,要采取预防为主,治理为辅,防治结合的原则。当前对于重金属污染的土壤主要采取修复的方法,使土壤中重金属移出土体,或降低其迁移性和生物有效性,已经取得较多研究成果。

第一节 土壤镉污染修复与利用技术

近年来我国土壤镉污染情况日趋严重,由此引起的安全事件频发,土壤镉污染治理已迫在眉睫。目前土壤镉污染修复技术主要包括物理修复技术、化学修复技术、生物修复技术和联合修复技术。

一、物理修复技术

物理修复技术是指利用物理的方法对镉污染土壤进行修复,主要包括客土法、换土法、深耕翻土法、隔离包埋法、热力恢复法和电修复技术等。

客土法也是一种工程治理方法,是将清洁土壤添加到镉污染土壤中,从而降低土壤镉含量或减少植物根系与污染物的接触,以达到土壤镉污染治理的目的,该方法适用于污染物含量不高、取土方便的地区。

换土法是利用干净土壤替换掉被污染的土壤,将污染土移走处置,该方法适用于小面积镉污染土壤,可以有效防止镉污染范围的扩大。

深耕翻土法是通过深耕将被污染的表层土翻入深层,从而使表层土污染物含量降低,该方法仅适用于污染较轻的土壤,且易导致耕层土壤肥力降低。

隔离包埋法是利用钢筋、水泥等在被镉污染的土壤周围及底部修筑隔离墙,将污染土与周围环境隔离,防止其淋溶水和渗滤水进入周围环境中污染土壤。

热力恢复法多针对挥发性重金属的治理,即利用加热的方法将重金属从土壤中解析出来，再回收利用，该方法对特定污染治理效率高，但成本高、工程量大，且易污染空气，仅适用于熔点低或挥发性强的小面积污染。

电修复技术是将电极插入镉污染土壤并通入直流电，镉离子在电场作用下通过电渗析和电迁移定向移动，富集在电极区附近，最终通过电镀、共沉淀等方式使镉离子与土壤分离以达到镉污染治理的目的。

二、化学修复技术

化学修复技术是利用化学物质改变镉在土壤中的存在形态及其生物有效性，从而达到抑制或降低植物对镉吸收的目的。主要包括原位化学稳定法和淋洗法。

原位化学稳定法是通过向被污染土壤中添加碱性改良剂（石灰、赤泥、钙镁磷肥、粉煤灰等）、黏土矿物（海泡石、沸石、凹凸棒石等）、拮抗物质（硫酸锌、稀土镧等）等无机物，或是畜禽粪便、秸秆堆肥、生物炭等有机物，从而改变土壤 pH 值、氧化还原电位等，进一步影响镉在土壤中的赋存形态使其被沉淀固定，或是发生吸附及离子交换、离子拮抗、螯合等化学作用降低镉的生物有效性，达到土壤镉污染治理的目的。在对土壤镉污染进行治理的各种措施中，该方法由于操作简便和价格低廉被广泛应用。研究发现，施用硅肥、钙镁磷肥、石灰和骨炭粉等固定剂可以使土壤中镉各形态的含量和分布发生变化，适当地施用固定剂可以抑制植物对镉的吸收，降低植物可食部位镉含量。

淋洗法是利用淋洗液将土壤固相中的镉转移到土壤液相中去，通过回收利用含镉废水以达到土壤镉污染治理的目的。该方法研究的难点是找到一种合适的淋洗液，在满足土壤镉污染治理的要求的同时，土壤结构不会遭到破坏，导致二次污染的发生。传统的化学淋洗剂主要有无机类淋洗剂、螯合剂和表面活性剂 3 种。无机类淋洗剂主要是水、无机盐、无机酸等，该类淋洗剂存在淋洗效果不理想、易破坏土壤自身品质等诸多问题。螯合剂可以与镉结合形成稳定的金属螯合物，王亚琴（2014）发现乙二胺四乙酸（EDTA）和次氮基三乙酸（NTA）能螯合土壤中的镉并形成镉螯合物，从而提高镉的有效性促进植物对其吸收。近年来，对于表面活性剂治理污染土壤的研究主要集中在有机污染领域，在重金属污染土壤修复方面的应用相对较少。

三、生物修复技术

生物修复技术是指利用某些特定的植物和微生物作为修复主体，吸附、降解、转化、固定土壤中的镉，以达到土壤镉污染修复的目的。生物修复技术主要分为植物修复技术和微生物修复技术等，因其操作简单、成本低廉、无二次污染、处理效果好且能大面积推广应用等优点，是近年来环境污染治理研究的热点之一。

植物修复技术是一种利用某些可以忍耐和超量积累镉元素的植物及其微生物共存体系以达到消除镉污染目的的土壤镉污染治理技术。应用于土壤镉污染治理的超富集植物存在如下特点：①镉在植物地上部的富集含量应达到临界值 100 mg/kg；②植物体内镉含量与土壤中镉含量的比值（富集系数，BCF）应大于1；③植物地上部镉含量与地下部镉含量的比值（转运系数，TF）应大于1；④能在镉污染土壤中正常完成生活，且生物量不能明显减少。目前，学者们对土壤镉污染治理的超富集植物进行了大量研究，在籽粒苋、东南景天、青葙等植物在土壤镉污染治理方面取得了显著成果。

微生物修复技术是一种利用活性微生物对土壤镉污染物的吸收、沉淀、氧化和还原等作用来降低土壤镉浓度和毒性的技术。周芳如（2015）通过筛选出9种耐镉真菌菌株，并复筛发现了一种去镉能力强且遗传稳定的新月弯孢霉。此外，袁金蕊等（2018）在对微生物修复镉污染进展综述中指出，目前已筛选出的可用于镉吸附的微生物包括了红酵母、马尾藻、柠檬酸杆菌、枯草芽孢杆菌等十余种。

第二节 土壤铬污染修复与利用技术

铬污染修复主要从两种思路出发：一是通过改变铬在土壤中的价态，降低其对土壤的毒害作用，即将高氧化性高活性的 Cr（Ⅵ）还原成低毒且稳定的 Cr（Ⅲ），减少铬在土壤环境中的迁移，降低铬进入生物体的可能；二是将铬从铬污染土壤中去除至其自然本底值。较于前者，该方法更加直接彻底，难度及成本也更高。鉴于以上两种治理思路，铬污染土壤的修复技术大致分为：物理修复技术、化学修复技术、生物修复技术。

一、物理修复技术

利用物理修复技术治理铬污染土壤，主要包括客土法、电动修复法等。

客土法是向污染的土壤中加入理化性质相似的洁净土壤，从而有效降低重金属污染在土壤中含量。其操作简单，见效快、效果好，适合污染范围较小土壤。然而，当污染土壤面积较大时，客土法的投资成本也随之急剧增加。此外，客土法挖掘土壤造成了过多的土壤扰动，也使土壤肥力下降，且清挖出的污染土壤的后续转运及处置也存在着二次污染的潜在风险，这使得客土法未能在当代社会继续推行。

电动修复是一种应用广泛、具有一定发展前景的新型原位净化技术。其原理是在污染土壤的两侧分别插入电极并通入低压直流电，使得土壤中的重金属离子在电场的作用下，发生电迁移，定向地朝两端的电极室移动，那么以阴离子形式存在的 Cr(Ⅵ) 会在阳极区累积，而以阳离子形式存在的 Cr(Ⅲ) 则会在阴极区富集，实现金属离子与土壤的分离，从而达到去除重金属的修复目的。传统的电动修复虽然具有成本低廉、环境友好的优点，但实际应用情况复杂，受到电解液组分、电压梯度、土壤特性等多方面因素影响。

二、化学修复技术

化学修复技术主要是利用化学物质改变铬在土壤中的存在形态及其生物有效性，从而达到抑制或降低植物对铬吸收的目的。主要包括化学淋洗法和固化稳定化技术。

化学淋洗法是指利用淋洗剂能与吸附在土壤中的重金属发生解吸作用的特点，将重金属 Cr 溶解分离出土壤固相转移至淋洗废液，并集中收集处置的技术。淋洗具备以下优势：①选取合适的化学淋洗溶剂和淋洗方式，可有效处理复合污染的土壤；②操作简便，修复时间周期短；③对铬污染土壤的永久性修复。化学淋洗修复技术一般分为原位淋洗修复和异位淋洗修复。原位淋洗是向铬污染场地的注水井中注入淋洗液，由重力或人为附加压力作用使其可以渗入土壤中与铬充分接触，形成溶解性强的含铬化合物，最终收集淋出渗滤液作进一步处理。异位淋洗是先挖掘出污染土壤并筛分去除大颗粒杂质，然后置于给定容器中，投加淋洗液完成浸出的过程。对比两者，修复原理基本相同，而操作方式不同。原位淋洗无须对污染土壤挖掘及运输，适合高渗透率、高孔隙度的土壤类型，为避免操作过程的二次污染，需要谨慎选择环境友好的化学淋洗剂和做好后续淋出液的安全处理。异位淋洗则不受考虑场地局限，修复见效快，但其对黏土颗粒含量过高的污染土壤的处理效果较差。总体而言，异位淋洗修复技术更具发展潜力。

固化稳定化技术是指在重金属污染土壤中，添加固化剂或稳定剂，使铬被稳定土壤颗粒中或使铬转化为低毒性、低迁移性的稳定状态，从而减缓了铬污染向周围环境扩散，达到修复目的。目前常见的固化/稳定剂包括：水泥、生石灰、亚铁盐、生物炭等，不同的药剂的修复效果存在差异。

三、生物修复技术

生物修复技术是指利用某些特定的植物和微生物，吸附、降解、转化、固定土壤中的铬，以达到土壤铬污染修复的目的。生物修复技术主要分为植物修复技术和微生物修复技术等。

植物修复是指利用重金属耐受阈值较高的超积累植物净化污染土壤中的重金属的一种原位修复法技术。依据修复过程中的作用机理不同，将植物修复分为植物挥发、植物提取、植物稳定和根系过滤4种类型。植物挥发是被吸收转化于植物体内的重金属借由植物本身的代谢作用或蒸腾作用被释放到空气中的过程；植物提取是地下根系吸收重金属后转移并储存到地面上部的植物茎叶中，再收割地上部分的过程；植物稳定是利用多年生植物的根系吸收或吸附重金属在根组织上或沉淀在根际环境从而稳定土壤中重金属的过程；根系过滤是利用具备快速生长的发达纤维状根系的植物来过滤根圈周围的重金属元素，当根系达到饱和再收获包括根系在内的整株植物的过程。目前，铬污染土壤的植物修复仍处于实验室研究的初步探索阶段。重金属的超富集植物种类达数百种，但对铬金属的超累积植物的发现并不多。因此，筛选环境适应性强、高耐铬的原生植物成为当前研究热点。

微生物修复是指自然原生的土著微生物或人为温室培育的外源微生物在适宜的生长条件下，通过代谢活动将重金属污染物转化为低毒形态的修复技术。微生物的铬污染的解毒机理主要分为微生物吸附和微生物还原。微生物吸附是指微生物通过静电吸附、离子交换、表面官能团螯合等作用吸附铬的过程。微生物吸附常见于铬污染水体的治理，而对铬土壤的研究相对较少。微生物还原主要分为间接还原和直接还原。直接还原是借助细胞膜上或细胞质中的还原酶在厌氧或好氧条件下催化还原 $Cr(Ⅵ)$。间接还原的微生物自身未直接参与还原，而通过其代谢产物还原 $Cr(Ⅵ)$ 的过程，通常与硫酸盐还原菌和铁还原菌生成的 S^{2+} 和 Fe^{2+} 有关。目前，铬污染土壤的修复研究大都采用微生物还原的治理方法。

第三节　土壤铅污染修复与利用技术

土壤铅污染修复与利用技术主要包括物理修复技术、化学修复技术和生物修复技术。

一、物理修复技术

土壤铅污染物理修复技术主要包括隔离包埋技术、电动修复技术等。

隔离包埋修复技术是指采用水泥、钢铁等材料,在出现铅污染的土壤周围建立隔离墙,将受到铅污染的土壤和周围环境隔离,从而降低土壤中铅给周围环境带来的影响,避免污染场地的废水渗入周围环境。要想防止污染场地污水渗漏现象,可以在污染土壤的表面铺设一层合成膜,或者在土壤下层铺设一层水泥与石块形成的混合层。但是,该方法需要消耗大量资源,如果操作不当,就会造成二次污染,使得铅污染土壤无法得到全面清除。

电动修复技术能够测定污染土壤的铅含量,在具体操作过程中,人们需要把电极插入污染土壤的两侧,通电后,土壤中的带电粒子会发生迁移,朝相反电极移动,最终汇集在电极上,从而清除重金属。阳极和阴极的电极反应如式(1)、式(2)所示,阳极标准电极电势 $E1 = -1.229V$,阴极标准电极电势 $E2 = 0.828V$。

$$2H_2O - 4e^- \rightarrow O_2\uparrow + 4H^+ \tag{1}$$

$$2H_2O + 2e^- \rightarrow H_2\uparrow + 2OH^- \tag{2}$$

二、化学修复技术

土壤铅污染化学修复技术主要包括氧化还原技术、固化稳定技术等。

氧化还原技术通过化学反应,改变重金属在污染土壤中的形态及价态,有效降低其迁移性。氧化还原技术一般应用在固化稳定技术处理前,但是容易造成土壤的二次污染。在使用氧化还原技术过程中,人们需要利用石灰调节土壤的 pH 值,减少污染土壤中铅的溶解度,降低铅的生物利用率。

固化稳定技术采用化学、物理等方法,减少土壤的铅含量。铅污染土壤可以添加适量的水泥、石灰等混合物,搅拌均匀,待其凝固以后将会在土壤中结块,将铅元素吸附到石块中。固化稳定技术的修复效果比较理想,成本投入少,适用于处理污染程度轻的土壤。但是,其容易受到环境变化等因素的影响,使得实际应用受到一定限制。在相对稳定的自然环境下,固化稳定技术的效果比较持久。修复药剂具备一定的适应性和时效性。铅污染程度不同的场地需要结合实际情况,合理选用稳定化药剂,在混合污染场地中,稳定化药剂选择难度较大。铅污染土壤可以添加磷酸盐,有效减少铅的迁移量,实现稳定化修复。其间,磷酸盐和污染土壤中的铅发生反应形成磷酸铅,其在环境中比较稳定,能够有效减少铅的生物有效性。固化稳定技术已经在国内外得到广泛使用。该技术操作简单，成本投入少，修复成效好，被广泛应用在重金属污染场地修复中。

三、生物修复技术

土壤铅污染生物修复技术主要包括植物修复技术和微生物修复技术。

植物修复技术是指在铅污染土壤中种植超积累植物，有效吸收土壤中的铅，然后对植物进行整体处理，之后继续种植植物，减少土壤的铅含量，最终使其满足环境保护要求。超积累植物具备铅吸附和降解功能，所以修复能力较强。植物修复技术具有诸多优势，是现阶段比较理想的铅污染土壤修复技术。目前，植物修复技术应用仍存在一些问题：大部分超积累植物生长效率较低，同时植株较小，重金属富集速度偏慢，机械化操作难度大；一种超积累植物通常会吸收一种或者多种重金属，如果土壤重金属含量偏高，植物将会发生中毒现象，影响铅污染土壤治理效果；超积累植物死亡并腐烂会让铅重新进入土壤中；超积累植物的收割处理容易产生二次污染。在土壤中，铅具有一定的迁移性，人们可以通过螯合诱导强化植物对铅的吸收能力。常用的螯合剂有氨基多羧酸类（APCAs）、小分子有机酸类（LMWOAs）等。其中，EDTA 是一种 APCAs 类螯合剂，其能够加快植物对铅污染土壤中铅的吸收。重金属铅一般富集在植物根茎位置，朝地面迁移的难度大，即便是印度芥菜这种对铅有着明显吸附效果的植物，其地上部分吸附效果远不如根部。添加适量的螯合剂，能够活化土壤中的铅，提升其生物有效性，增加植物对铅的吸附率，让其转移到植物地上部分（胡鹏杰，2011）。在利用植物修复技术治理污染土壤时，不同螯合剂的效果有所不同，使用螯合剂时也存在一些环境风险，如果操作不规范，将会毒害植物，造成周围环境的污染，使得土壤中营养物质大量流失。

微生物修复技术利用微生物的生化功能治理和修复铅污染土壤。根据修复原理，微生物修复技术可以分为生物甲基化、生物还原沉淀等类型。其中，生物甲基化是一种蒸发技术，能够让铅污染土壤发生铅甲基化，使其容易蒸发。生物还原沉淀则利用硫酸盐还原菌（SRB）的作用，将硫酸根还原成 HS^-，之后 HS^- 可以和土壤中的铅反应生成 Pb_2S，发生沉淀现象。例如，在重污染区域，铅含量较高，大部分植物无法存活，而真菌自身具备较强的耐活性，能够在这种环境中存活，因此人们可以利用部分大型真菌治理铅污染土壤。

第四节　土壤砷污染修复与利用技术

土壤中的砷会通过食物链累积到人体中，自然环境中土壤对砷净化能力及容纳量都是有限的，土壤砷污染具有潜伏性、累积性、不可逆转性、治理难且周期长等特性，为了解决土壤砷污染问题，相关学者研究并提出了多种修复方法并取得了大量成果。

一、物理修复技术

利用物理修复技术治理土壤砷污染的方式主要有换土法、周转法和电动修复法等。

换土法是使用未经污染的干净土壤替换已经被污染的土壤，从而有效降低土壤环境中砷元素的质量分数，强化土壤质量。该技术又可分为土壤置换和土壤覆盖两种。具体采用哪种方式，需要结合原始土壤水平位置的高低进行选择，如果已经遭到砷污染的土壤原始水平位置低于周边位置土壤的高度，则可以采用土壤覆盖的方式，反之，如果高于周边土壤高度，继续覆盖土壤，只会增加土层高度，难以修复土壤环境，这时可以采用土壤置换的方式。

在我国，土壤置换方式往往是用于土壤的复垦过程，需要直接应用干净的土壤资源置换已经遭到污染的土壤资源，从而能够有效降低土壤中砷的浓度。虽然土壤置换方法能够起到良好的污染治理效果，但是应用难度较高，且成本高、工程量很大，往往适用于已经受到较为严重污染的土壤环境。用于替换的土壤资源多是未经污染的无公害土壤，这些土壤资源不易获取，且在进行置换作业时，也很容易造成二次污染。

周转法也是一种应用较为广泛的砷污染土壤修复方法，在我国还很少见，但是在日本等国家已经取得了显著的成绩。对土壤环境进行周转，也就是将污染的表层土壤、干净的深层土壤进行充分融合，在一定程度上降低土壤污染问题，减小污染浓度，但该方法的成本较高，且在具体的使用过程中，很容易影响作物的健康生长。需要注意的是，在砷污染修复处理过程中，每种方法的应用功能及条件不同，只有处于轻微污染且污染物主要集中于表土层位置时，才能够采用周转法进行土壤环境修复。如果土壤污染问题十分严重，或者深层土壤已经遭到严重污染，采用此方法则难以达到理想的治理效果。

电动修复技术是直接将电极插入到已经遭到砷污染的土壤中，从而在土壤环境中形成直流电场，实现污染物的迁移，并借助电沉积等方法去除污染物。采用电动修复方式进行土壤修复时，处理速度较高、处理效果较好、成本较高，目前已经取得了显著成就。在土壤环境的电动修复过程中，砷污染修复效果将会受到电解水的影响，电解水能够动态调节电极附近的pH值大小，这也会直接影响砷元素的去除效果。因此，在土壤环境修复过程中，需要合理把控电极附近的酸碱度。

二、化学修复技术

在土壤环境砷污染处理过程中，经常会采用化学修复方法。化学修复方法就是直接向土壤环境中添加化学药剂，从而去除土壤中的砷元素。

土壤环境的淋洗修复是直接添加淋洗液，使淋洗液能够和土壤中的污染物发生化学反应，实现解吸、整合、溶解等反应，进而直接将土壤中的污染物转移到淋洗液中，实现土壤环境中砷元素的去除。淋洗修复技术是否能够充分发挥作用，与淋洗液的质量直接相关。淋洗液不仅需要达到溶解砷的要求，还会对土壤环境造成二次污染和破坏，且经过淋洗后的废液中含有大量的土壤污染物，因此，只有当这种废液经过处理、不会污染环境时，才能够对其进行二次利用。目前，较为常见的淋洗液主要包括复合淋洗剂、无机淋洗剂等。

从技术应用现状来看，淋洗修复技术的手段逐渐成熟，目前常见的淋湿试剂包括草酸、磷酸氢二铵、柠檬酸、氢氧化钠等，在针对上述试剂开展淋洗振荡试验后，发现土壤中的砷元素含量明显下降。根据现有的研究可知，这些试剂的淋洗时间、pH 值以及淋洗剂的浓度等都会对土壤中的砷元素产生影响，pH 值越低，则砷元素的处理效果越好；淋洗时间与淋洗效率正相关，但是在具体操作中的淋洗时间应控制在 4 h 之内；最后在淋洗试剂浓度的设定上，草酸、柠檬酸的最佳浓度分别为 0.8 mol/L、0.6 mol/L。在条件允许的情况下，采用淋洗修复技术时可以采用复合淋洗剂，目前常见的复合淋洗剂为草酸与柠檬酸的复合试剂。

固定土壤也是一种应用较为广泛的土壤环境砷污染修复方法，该方法主要是通过添加化学试剂，固定住土壤环境中的各种污染物，并对污染物进行有效处理，以降低风险性因素发生的可能。固定土壤法与其他几种土壤污染物修复方法相比，操作起来较为简单方便、成本较为低廉，如今开始受到更加广泛的关注。其中，以氧化铁为代表的金属化合物就可以直接用作土壤环境中砷元素的固定剂，也可以采用生物炭等。需要注意的是，虽然生物炭也可以用于土壤治理，但是砷元素的固定率不高，很多时候会将生物炭和其他多种材料直接整合到一起、进行组合使用，实现优势互补，切实提高土壤中砷元素的提取效果，而在应用生物炭之前，还需要对生物炭中含有的有害物质进行检测。将氧化铁作为固定剂进行土壤固定时，铁元素具有多方面的价值，能够直接测定砷的含量，其应用效果较好，往往能够有效降低砷元素的迁移率。

目前，将多种试剂进行联合使用已经慢慢成为土壤污染治理的新趋势。在污染土壤修复治理过程中，需要加强对土壤环境条件的研究，充分考量土壤环境中酸碱度的变化，合理制定土壤修复计划。

三、生物修复技术

土壤砷污染生物修复技术主要包括植物修复技术和微生物修复技术。

（一）植物修复技术

植物修复是通过植物对砷的富集性来完成砷从土壤到植物体内转移的。修复植物特点是有很强的砷富集能力，转运系数大于1，生命力强，株体大等。常常利用农艺措施、化学诱导、基因工程技术、接种根际微生物等措施增强植物的修复效果。

目前发现的砷超富集植物有蜈蚣草、大叶井口边草、粉叶蕨、蕨草等。砷超富集植物大多出现在矿山附近，其耐砷性高，可在高浓度砷下生长，一方面认为是可能与超富集植物内的有机质对砷的螯合作用有关，另一方面认为是长期生长在高砷区域内已经获得了砷抗性，植物对砷有着特殊的耐性和规避性。研究发现蜈蚣草对砷的吸收速率是非超富集植物的数倍，并且能够有效地将砷转运到地上部分（Fayiga，2005）。廖晓勇（2008）通过对不同磷肥的施用对蜈蚣草富集砷的能力进行研究，得出磷酸二氢铵能够有效提高植物修复能力，砷的去除率达到7.28%。砷超富集植物的发现，为解决我国砷污染土壤问题提供了一种很好的途径，尤其是南方红土、北方褐土适宜蜈蚣草生长这一发现，更是为全国范围内修复砷污染土壤提供了可能。

（二）微生物修复技术

微生物修复是筛选出抗砷耐砷菌，利用其代谢活动改善植物的生长环境的同时，还可以吸附土壤中的砷，改变砷的形态。比如木霉菌、青霉菌、木糖发酵酵母等多用于土壤砷污染修复。微生物对土壤砷污染修复主要体现在生物富集、氧化还原作用、沉淀矿化作用以及微生物—植物结合方面。Govarthanan et al.（2008）发现木霉真菌对较低浓度（100 mg/L）的砷去除率高达77%，并且能够有效地增强土壤中酶的活性。将耐砷性微生物接种到植物体上，不仅可以促进植物根系发育，而且能够提高植物对砷的富集能力。Liu et al.（2005）将菌根真菌接种到蜈蚣草上，蜈蚣草的含砷量增加了43%。微生物也可通过脱甲基化将土壤中的砷化合物转化为砷气态形式排出，降低土壤中砷的含量。土壤微生物修复有对土壤危害弱、能耗低、清洁高效等优点，但微生物的耐砷性是有限的，且微生物活动易受土壤环境因素影响，接种到土壤中的修复微生物竞争力可能弱于土著微生物而失去其活性或者削弱修复效果，而且同时修复多种重金属污染场地具有一定的难度，因此该技术常常与植物修复技术相结合。

第五节 土壤汞污染修复与利用技术

土壤 Hg 污染治理主要有两条途径。其一是改变 Hg 在土壤中的存在形态，使其由活化态转变为稳定态；其二是从土壤中去除 Hg，使土壤中 Hg 的浓度接近或达到背景含量水平。目前通常采用的治理方法有物理修复技术、化学修复技术和生物修复技术。

一、物理修复技术

土壤汞污染物理修复技术主要包括热处理技术、电动修复技术等。

热处理技术主要用于修复受挥发性废物污染的土壤。其工作原理是向土壤中通入热蒸气或用射频加热等方法将挥发性废物移出土壤集中收集并处理。这项技术更适合于对汞污染土壤的修复。Michael（1995）研究表明在汞污染的土壤中加入促使难溶的汞化合物分解的物质，然后分两个阶段分别向土壤中通入低温蒸气和高温蒸气，通过气体纯化装置收集挥发的 Hg 蒸气。试验表明砂性土、黏土、壤土中 Hg 含量从 15 000 mg/kg、900 mg/kg、225 mg/kg 分别降到 0.07 mg/kg、0.12 mg/kg、0.5 mg/kg。

电动修复技术是在土壤中外加直流电场，在电解、电迁移、扩散、电渗、电泳的作用下，重金属在电场中做相对运动流向土壤中的一个电极处，并通过工程化的收集系统收集起来进行处理。Chris et al.（1996）研究表明，在阴极区加入浸滤剂 I_2/KI，使难溶的汞化合物转化为 HgI_4^- 络离子并向阳极移动，结果土壤中 99% 以上的汞被去除。

二、化学修复技术

土壤汞污染化学修复技术主要包括淋洗法、施用调控剂等。

淋洗法是运用试剂与土壤重金属离子作用，最后从提取液中回收重金属，并循环利用提取液。有学者曾应用淋洗法成功地治理了包括汞在内的 8 种重金属（Hg、Cd、Cu、Cr、Ni、Ag、Pb 和 Tb）污染土壤，采用的提取剂主要为酸性溶剂，并加入氧化剂、还原剂及络合剂。8 种重金属的初始浓度都在 1 600 mg/L 经过此方法处理以后，土壤重金属含量达到了背景水平。此项技术治理了 $2.0×10^4$ t 污染的土壤，且重金属得到了回收和利用，而且整个治理过程中没有产生废水和任何危险废弃物（夏星辉，1997）。

土壤中有效态汞可以被作物吸收利用，而固定态汞则不能被作物吸收。有效态和固定态在一定条件下可互相转化，因此采用不同的调控剂改变土壤中有效态汞的含量，降低植物对汞的吸收利用。通常采用的调节方法是增加抑制剂，如有机肥料、过磷酸钙和碳酸钙（青长乐，1995）。Meng et al. (1998) 报道了用旧轮胎橡胶可固化污染土壤中的 Hg^{2+}。采用乙酸浸提经旧轮胎橡胶可固化污染土壤的 Hg^{2+}，沥滤液中汞的浓度可从未处理的 3 500 μg/kg 降至 34 μg/kg，抑制了土壤中汞进入植物体内。

三、生物修复技术

土壤汞污染生物修复技术主要包括植物修复技术和微生物修复技术。

植物修复包括植物吸收、植物挥发和植物固定。其中最有前景的是植物吸收，也就是通常意义的植物修复。据研究表明，水稻田改种苎麻后，总汞残留系数由 0.94 降为 0.59。采用水田改为苎麻可使污染的土壤修复到背景值水平的时间大大缩短，当土壤汞含量为 82 mg/kg 时，水田需要 86 年，旱田只需 10 年。当土壤汞含量为 49 mg/kg 时，水田 78 年，而旱田只要 9.2 年，植物修复时间的长短与污染土壤的初始浓度有关。

微生物修复技术是利用微生物对汞的吸收、沉积、氧化和还原等作用，减少植物摄取，从而降低汞的毒性。分子汞在常温下以液态存在并容易挥发。在自然环境中汞主要以二价离子 Hg^{2+} 存在。一些细菌利用汞还原酶可把汞离子还原成分子汞。Rugh et al. (1996) 成功地把细菌的 Hg^{2+} 还原酶基因导入拟南芥植株，使植株耐汞能力大大提高，植株对汞的耐受性提高到 100 μmol/L 且 Hg^{2+} 被转基因植物还原可以促进汞从土壤中的挥发。

参考文献

胡鹏杰，吴龙华，骆永明，2011. 重金属污染土壤及场地的植物修复技术发展与应用 [J]. 环境监测管理与技术，23 (3)：39-42.

廖晓勇，陈同斌，阎秀兰，等，2008. 不同磷肥对砷超富集植物蜈蚣草修复砷污染土壤的影响 [J]. 环境科学 (10)：2906-2911.

青长乐，牟树森，1995. 抑制土壤 Hg 进入陆生食物链 [J]. 环境科学学报，15 (2)：148-155.

王亚琴，2014. EDTA 和 NTA 对苎麻吸收重金属镉的影响机制研究 [D]. 长沙：湖南大学.

夏星辉，1997. 土壤重金属污染治理方法研究进展 [J]. 环境科学，18

(3): 72-76.

袁金蕊, 郭富睿, 邹冬生, 等, 2018. 镉对土壤微生物的影响及微生物修复镉污染研究进展 [J]. 湖南农业科学, (3): 114-117.

周芳如, 2015. 微生物菌剂对镉污染土壤的修复及其生态效应 [D]. 长沙: 湖南农业大学.

ANDERSON T A, GUTHRIE E A, WALTON B T, 1993. Bioremediation in the rhizosphere [J]. Environmental Science & Technology, 27 (13): 2630-2636.

CHRIS D C, SHOESMITH MATTHEW A, 1996. Electrokinetic remediation of mercury-contaminated soil using iodine/iodide lixiviant [J]. Environmental Science & Technology, 30: 1933-1938.

FAYIGA A O, MA L Q, SANTOS J, et al., 2005. Effects of Arsenic Species and Concentrations on Arsenic Accumulation by Different Fern Species in a Hydroponic System [J]. International Journal of Phytoremediation, 7 (3): 231-240.

GOVARTHANAN M, MYTHILI R, SELVANKUMAR T, et al., 2018. Myco-phytoremediation of arsenic and lead contaminated soils by Helianthus annuus and wood rot fungi, Trichoderma sp. isolated from decayed wood [J]. Ecotoxicology&Envi ronmental Safety, 151: 279-284.

HARTLEY W, EDWARDS R, LEPP N W, 2004. Arsenic and heavy metal mobility in iron oxide -amended contaminated soils as evaluated by short-and long-term leaching tests [J]. Environmental Pollution, 131 (3): 500-504.

LIU Y, ZHU Y G, CHEN B D, et al., 2005. Influence of the arbuscular mycorrhizal fungus Glomus mosseaeon uptake of arsenate by the As hyperaccumulator fernPteris vittataL [J]. Mycorrhiza, 15 (3): 187-192.

MENG X G, 1998. Immoblization of mercury (II) in contaminated soil with used tire rubber [J]. Journal of Hazardous Materials, 57: 231-241.

ROSE M V, WEYAND T E, KOSHINSKI C J, 2010. Mercury cleanup: The commercial application of a new mercury removal/recovery technology [J]. Remediation Journal, 5 (3): 89-101.

RUGH C L, WILDE H D, STACK N M, 1996. Mercuric ion reduction and resistance in trangenic Arabidopsis thaliana plants expressing a modified bacterial merAgene [J]. Proceedings of the National Academy of Sciences of the United States of Amerca, 93: 3182-3187.

第六章　玉溪市镉污染耕地生产障碍修复技术模式

镉污染是最为常见的耕地污染生产障碍之一。玉溪市耕地污染生产障碍大部分属于镉污染，主要是单一镉污染，少部分存在镉砷、镉铅复合污染。镉污染耕地生产障碍治理修复技术相对比较成熟，主要有两种技术路径，一是改变重金属镉在土壤中的存在状态，降低镉的有效性，使其由活化态转变为稳定态，减少镉从土壤向作物特别是可食用部分的转移；二是从土壤中除去重金属镉，减少土壤中镉的总量。目前，农业上采取的低积累作物品种、叶面调控、优化施肥、原位钝化等措施，都属于第一条技术路径，降低镉的活性，减少镉向作物特别是可食部位转移。

第一节　低积累作物技术

不同的农作物间或同一农作物不同品种间对重金属镉的吸收和积累存在显著差异，即基因型差异（辛绢，2018；Darron，2020；张思佳，2021）。除此之外，同一品种在不同地区也会产生吸收能力上的差别，因地制宜，结合当地气候和土壤条件，合理筛选高耐性低积累作物品种是降低作物重金属污染风险的一个有效途径，尤其是轻中度污染的农田土壤上，可以通过选育和推广镉低积累作物或品种，将作物可食用部位的镉含量控制在允许范围内，是轻度污染耕地作物安全生产最经济有效的方法。

一、镉低积累作物调控机理

镉在土壤—植物系统中的迁移性极强，能通过食物链进入人体并积累，对人体造成慢性、累积性的危害。限制重金属转运的途径主要有两种：一是通过细胞壁，限制金属离子跨膜运输，抵御重金属毒害；二是通过金属与胞质溶胶固定络合，限制重金属转运。

从作物品种来看，主要农作物水稻的镉积累能力极强，在进入人体的镉食物来源中占比40%以上（李婷，2021）。水稻作为重要的粮食作物，镉污染问题十分突出，研究筛选低积累水稻品种十分必要。镉从土壤中被水稻根部吸收，通过木质部运输到芽中，并在叶和茎中积累。在水稻的生殖生长期，通过木质部运输的大部分镉被转移到节中的韧皮部，然后优先运输到上部节和谷粒中，许多镉转运蛋白已被鉴定，通过修饰这些转运蛋白基因可能会降低水稻中镉的含量。在相同镉胁迫浓度下，低镉积累品种水稻的根系细胞壁中镉的分配比例更高；高镉积累品种水稻根系细胞壁有更高的镉积累容量，但分配比例仍低于低镉积累品种水稻的（Zhao et al., 2017）；而镉耐性品种水稻地上部分细胞壁中镉所占的比例要高于镉敏感品种的（Wang et al., 2015）。在镉超积累植物商陆的根系和叶片中，镉都主要分布于可溶性部分和细胞壁中，其中在液泡中镉主要与有机配位体络合，以络合物形式存在，在细胞壁中镉与果胶酸盐和蛋白质等物质结合以难溶的复合物形式存在（Fu et al., 2010）。在多种植物根系中，镉在可溶性部分所占比例较高，这部分镉是向地上部位转运的镉的主要来源。而在地上部分的镉主要分布在细胞壁中，这是植物耐镉胁迫的主要生理机制（赵艳玲，2021）。雍菜低镉品种的积累机制是由于其对土壤重金属活化能力较弱，从而降低对重金属的吸收积累（龚玉莲，2014）。

二、镉低积累作物选育方法

镉低积累品种的选育方法主要包括常规筛选和分子育种，常规筛选在现有的种质资源中发现镉含量的基因型差异，并对镉低积累这一性状的遗传稳定性进行研究；分子育种采用生物技术，将镉低积累性状与高产、抗病等质量性状整合、固定到新品种中（张堃，2011）。

常规筛选是指通过比较种植在相同土壤镉污染条件下不同作物品种的可食部分镉积累表型来筛选低积累材料。但由于易受土壤环境质量、水肥管理措施等影响，常规筛选的"低镉"作物表型稳定性差。另外，常规筛选从试验到大田示范推广需要时间长，应用具有地域范围等限制性，目前真正商业化广泛应用的还较少。由于环境对作物可食部分镉积累性状影响较大，稳定可重复的低积累表型呈现目前已经成为低积累作物品种常规筛选的主要瓶颈。

以基因型为依据的分子标记辅助筛选法成了现在的主流筛选方法。镉积累性状是多基因控制的数量性状，基因型是影响品种间镉积累能力的根本内在因素，镉积累相关基因的功能等位变异在镉积累能力差异中发挥重要作用。分子标记辅助筛选是利用与目标性状基因紧密连锁的基因设计分子标记，对目标性状进行基因型筛选的一项育种技术，具有高效、准确、结果稳定的优点，可增加筛选的准确性和效率，为稳定可重复地筛选低积累品种提供了可行方案（李婷，2021）。

创制镉低积累作物材料，将镉低积累性状与高产、抗病等质量性状整合、固定到新品种也是选育低积累作物的重要方法之一。镉低积累作物品种的选育方法可采用为常规育种和分子育种。常规育种有杂交育种和诱变育种，杂交育种通过筛选同时具有亲本优良性状的后代，以其作为育种新材料的方法；诱变育种以基因突变为理论基础，通过人为地利用物理、化学因素诱导发生遗传变异，然后根据籽粒镉积累性状定向鉴定和选拔以创制低镉水稻新材料。诱变育种产生的突变体不是转基因植物，这可能更容易被消费者所接受。分子育种包括分子标记辅助育种、基因工程、基因编辑和分子设计育种等。水稻分子育种突破了常规育种周期长、效率低及不稳定的缺点，已成为现代水稻育种发展的主要方向。

一个值得推广的低积累品种应具有以下特性，镉含量相对值较低、对镉浓度增加有较大的抗性（镉含量递增率<土壤镉含量递增率），以及基本不受影响的生物量（陈瑛等，2009）。植物从土壤中吸收镉并在根系中积累，少部分向植物上部迁移。富集系数常被用来表示植物吸收和积累镉的能力。

三、镉低积累作物品种

（一）镉低积累水稻

水稻是全球约50%人口的主粮，也是人体摄入镉的主要来源（Rizwan，2016）。对中国南方部分镉污染区的米样抽检显示，有56%~87%的样本镉含量超过国家限量标准值（200 g/kg）（Peng，2019）。对于镉低积累水稻品种的研究已深入到分子层次，目前主要通过分子标记辅助育种，开展低镉水稻新品种的开发与实践。水稻根系吸收的镉总量决定了植株整体的镉积累量，目前已发现 OsNRAMP5、OsNRAMP1、OsIRT1、OsIRT2、OsCd1、OsZIP5 和 OsZIP9 等转运体参与水稻对镉的吸收。OsNRAMP5 是介导水稻吸收镉的主效转运蛋白，敲除 OsNRAMP5 显著降低根系对镉的吸收能力，从而导致地上部和籽粒中的镉含量下降。土壤中的镉被水稻根系吸收后，大部分镉被截留在根细胞的液泡中，少部分镉由木质部装载并借助根压和蒸腾作用的动力运输到地上部。OsHMA3、OsABCC9 均定位于根细胞液泡膜，通过将镉区隔化在根细胞的液泡中，进而调节木质部装载的镉总量。未被液泡区隔的镉通过转运体 OsZIP7 介导运输至地上部分，该基因敲除后会导致镉从根系向地上部的转运减少。过表达 OsLCT2 基因也可抑制镉装载到木质部中，从而使糙米和稻草的镉含量显著降低（冀中英，2023）。除去分子领域，就水稻表型特征而言，对不同品种类型，水稻籽粒镉含量有以下规律：常规籼稻>杂交籼稻>常规粳稻（仲维功等，2006）。目前筛选界定的镉低积累水稻名录如表 6-1 所示。

表 6-1 筛选界定的镉低积累水稻名录（陈彩艳等，2018）

序号	品类	品种	母本/父本	序号	品类	品种	母本/父本
1	早稻	湘早籼 45 号		30	中稻	深两优 5814	德香 074A/泸恢 H103
2	早稻	中嘉早 17		31	中稻	深优 9595	泸 98A/泸恢 H103
3	早稻	湘早籼 32 号		32	中稻	深优 9519	1892S/RH003
4	早稻	湘早籼 42 号		33	中稻	晶两优华占	和 620S/炳 4114
5	早稻	株两优 189	株 1S/R189	34	中稻	建两优华占	Y58S/炳 4114
6	早稻	株两优 819	株 1S/华 819	35	中稻	德香 4103	深 95A/R6295
7	早稻	株两优 729	株 1S/E7299	36	中稻	泸优 9803	深 95A/R6319
8	早稻	株两优 706	株 1S/R706	37	中稻	皖稻 153	晶 4155S/华占
9	早稻	株两优 211	株 1S/华 211	38	中稻	和两优 1 号	建 S/华占
10	早稻	株两优 15	株 1S/H98-15	39	晚稻	湘晚籼 12 号	金 23A/R59
11	早稻	株两优 168	株 1S/R168	40	晚稻	湘晚籼 13 号	金 23A/R498
12	早稻	株两优 176	株 1S/怀 176	41	晚稻	金优 59	金 23A/华恢 284
13	早稻	株两优 929	株 1S/E929	42	晚稻	金优 498	湘菲 A/湘恢 8118
14	早稻	金优 402	金 23A/R402	43	晚稻	金优 284	C815S/R07266
15	早稻	金优 463	金 23A/To463	44	晚稻	湘菲优 8118	C815S/R777
16	早稻	欣荣优 123	欣荣 A/R123	45	晚稻	C 两优 266	C815S/R396
17	早稻	潭两优 215	潭农 S/潭早 215	46	晚稻	C 两优 7 号	C815S/R336
18	早稻	两优早 17	9771S/中嘉早 17	47	晚稻	C 两优 396	深 95A/R5359
19	早稻	T 优 535	T98A/To535	48	晚稻	两优 336	深 95A/R8086
20	早稻	杰丰优 1 号	杰丰 A/望恢 493	49	晚稻	深优 9559	深 95A/A-7
21	早稻	I 优 899	优 IA/R899	50	晚稻	深优 9586	H28A/R51059
22	中稻	C 两优 386	C815S/R386	51	晚稻	深优 957	H28AR51084
23	中稻	C 两优 651	C815S/蜀恢 527	52	晚稻	H 优 159	丰源 A/华恢 272
24	中稻	C 两优 755	C815S/R755	53	晚稻	H 优 518	中 9A/R9918
25	中稻	C 两优 87	C815S/蜀恢 527	54	晚稻	丰源优 272	隆香 A/R130
26	中稻	Y 两优 2108	Y58S/怀恢 210-8	55	晚稻	中优 9918	1161S/蜀恢 527
27	中稻	Y 两优 488	Y58S/奥 R488	56	晚稻	隆香优 130	德香 074A/泸恢 H103
28	中稻	Y 两优 9918	Y58S/R928	57	晚稻	隆平 602	泸 98A/泸恢 H103
29	中稻	Y 两优 19	Y58S/R19				

重庆市农业农村委员会也发布了玉米的镉低积累品种名录：大爱112、渝单821、荆恒一号、科花糯828、Q玉518、Q玉318、隆平509、长科20。此外还有灵丹20、正丹958、高优1号（郭晓方等，2010）。

（二）镉低积累玉米

玉米作为我国广泛种植的农作物之一，具有生物量大、生长周期短等特点。不同玉米品种对镉的吸收和富集能力具有显著的差异（郭晓方，2010），其中有些品种玉米对镉的富集系数极低，在镉污染土壤重金属修复上具有较大的潜力（陈建军，2014）。因此，可以通过筛选镉低积累玉米品种，收获符合食品卫生标准的可食用部分，保证粮食安全（吴传星，2010）。玉米对镉的吸收能力大小由其本身遗传特征决定，通常认为低积累植物对重金属的排斥机制包括两个方面，一是减少根部对重金属的吸收，二是重金属在根部通过区室化保存，限制向地上部转移。镉低积累玉米品种能降低结合于细胞壁或者液泡的镉活性，使其移动性变差，上一器官对镉的这种钝化或者"拦截"能力限制了镉向下一器官的转移和积累。

我国东北、华北等玉米主产区，镉污染耕地生产障碍区域较少，研究相对较少。对于镉污染耕地种植玉米的研究应用，主要集中于四川、云南、广东等南方地区。袁林等通过外源添加$CdCl_2$探索不同玉米品种对镉积累和转运的种间差异，初步筛选出适合云南镉重度污染地区种植的玉米品种。陈建军等（2014）通过盆栽试验，探究适用于四川地区镉污染耕地的低积累玉米品种。

（三）镉低积累蔬菜

耕地镉污染生产障碍也影响着蔬菜生产和质量安全，关系到广大人民群众的身体健康。我国是世界第一蔬菜生产大国，人均食用量极大，而蔬菜相对于主粮作物，更易吸收富集镉元素，筛选镉低积累蔬菜品种，对保障我国"菜篮子"工程具有重要意义。按照蔬菜镉吸收积累能力来划分，豆科（大豆、蚕豆等）植物属于低积累型作物，十字花科（白菜、花菜等）、茄科（辣椒、茄子等）以及菊科（油麦菜）等属于高积累型作物（Arthur et al., 2000）。通过田间与盆栽试验，已成功筛选出了多种在镉污染耕地上适宜种植的蔬菜低积累品种，例如辣椒（彭秋，2019）、萝卜（辛绢，2017）、油菜（吴志超，2015）、白菜（张思佳，2021）等，这些研究为蔬菜安全生产提供了重要技术保证。

四、玉溪市镉低积累作物筛选

玉溪市种植制度习惯上分大春和小春作物种植，大春作物指的是春夏季种植的作物，生长季一般在5—9月，主要包括水稻、玉米、薯类、大豆和小杂粮。小春是指相对于大春而言，第一年10月至第二年4月左右，主要包括小麦、蚕豆、豌豆、冬季栽培的玉米等。根据不同作物种间对于重金属的吸收存在差异，以富集系数为筛选指标（富集系数=作物中的重金属含量/土壤中的重金属含量），进行玉溪市镉低积累作物筛选，富集系数越低，农作物吸收重金属的能力越弱。

（一）镉低积累大春作物筛选

玉溪市开展镉积累作物筛选试验，选择的大春作物主要有大豆、辣椒、南瓜、芹菜、青蒜苗、水稻、四季豆、香菜、小葱、玉米、圆白菜，大多是当地的主导品种，有一定的种植面积和规模。研究发现，南瓜、四季豆、小葱和圆白菜四种蔬菜可食部分未检出镉（<0.001 mg/kg），镉富集系数最低；镉富集系数最高的是水稻，富集系数达到0.263 0。镉富集系数从低到高依次是南瓜、四季豆、小葱、圆白菜、香菜、青蒜苗、大豆、辣椒、玉米、芹菜、水稻。详见图6-1。

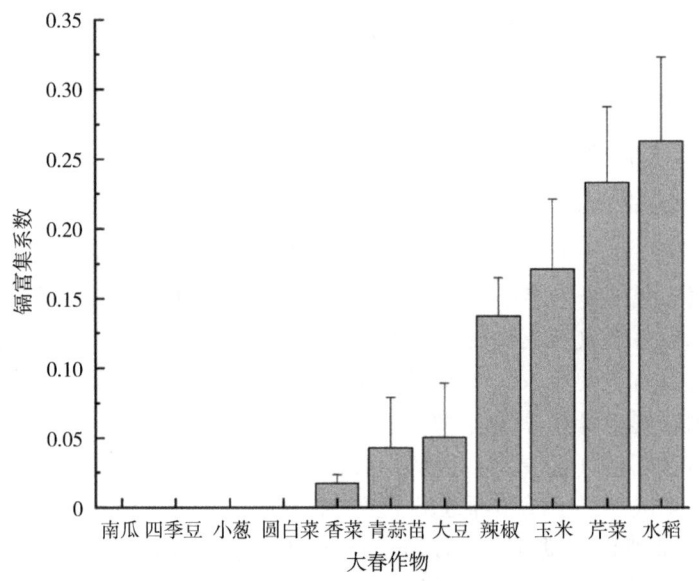

图6-1 大春作物镉富集系数

通过比较不同作物的镉富集系数，玉溪市在镉污染耕地上的适宜种植的镉低积累大春作物包括南瓜、四季豆、小葱、圆白菜，香菜和青蒜苗可适当种植。

（二）低积累小春作物筛选

玉溪市开展镉积累作物筛选试验，选择的小春作物主要有菜豌豆、蚕豆、花椰菜、芹菜、四季豆、莴笋、西蓝花、小葱、小麦、洋葱、圆白菜，大多是玉溪市小春季主要种植作物。镉富集系数从低到高依次是芹菜、花椰菜、西蓝花、小葱、蚕豆、四季豆、圆白菜、菜豌豆、莴笋、小麦、洋葱（图6-2）。通过比较不同作物的镉富集系数，玉溪市在受镉污染耕地上适宜种植的镉低积累小春作物包括芹菜、花椰菜和西蓝花等。

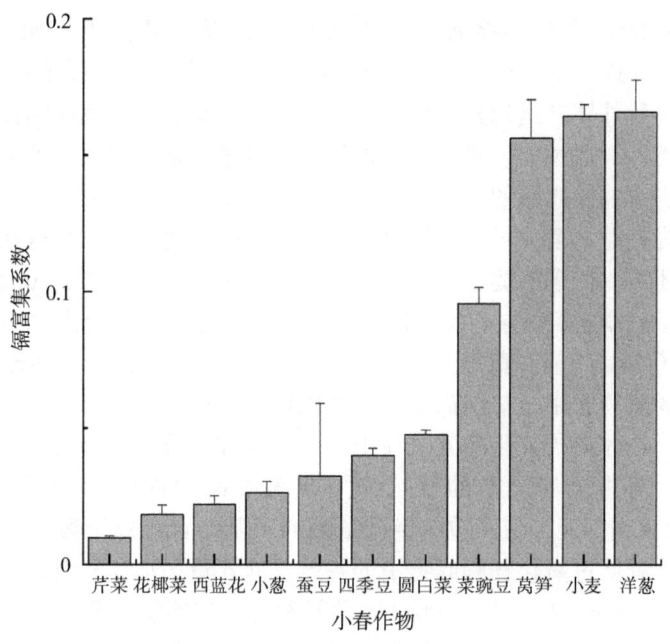

图6-2 小春作物镉富集系数

第二节 叶面调控技术

叶面调控主要是在作物不同生长阶段，抑制根部对重金属的吸收及营养器官重金属向可食部分转运，从而降低作物可食部分的重金属含量，进而保障农产品质量安全。叶面调控主要是向作物叶面喷施硅、硒、锌等有益微量元素，通过叶面阻控剂改变重金属镉在植株体内的分配，不仅提高作物抗逆性，而且抑制镉向农产品可食部位运输，降低农产品可食部位中镉含量。近年来，叶面调控措施在耕地镉污染生产障碍治理修复领域越来越得到广泛应用。

一、叶面调控作用机理

叶面调控的机理是通过喷施叶面阻控剂把镉区隔在叶片的细胞壁或者细胞器上，利用阻控剂与镉铅等重金属竞争叶面细胞上的结合位点及螯合作用，降低重金属的活性，进而抑制重金属由叶片经穗轴向籽粒中进行转运，提高作物对重金属的抗性，减少甚至阻断镉向食物链转移。通过提高叶面细胞抗氧化酶的活性、促进农作物生长发育和改善农作物抗逆性，提高抗性和阻控能力。叶面阻控剂一般富含作物多种必需营养元素以及有益元素，如硅（Si）、锌（Zn）、硒（Se）、铁（Fe）等，元素通过叶表皮细胞的角质层与气孔进入作物体，经过质外体转运到其他部位。常用的叶面阻控剂类型包括硅类、硒类、锌类、铁类等，通过硅、硒、锌、铁等一些微量元素和有益元素通过离子拮抗作用而减少作物体内镉的转运。

硅作为有益元素，可促进作物的生长，增强作物对生物胁迫和非生物胁迫的抗性，还可以使镉沉淀吸附在质外体。研究发现，叶面喷施 0.2%无机硅溶胶和 0.2%有机硅溶胶均不仅降低了稻米中镉含量和镉在土壤中的迁移能力，而且提高了水稻产量（黄崇玲等，2013）。同时叶面喷施硅肥能提高植株的含水量，减弱蒸腾速率，抑制镉在水稻体内的转运速率。

硒是作物体内抗氧化酶的活性中心，通过改变抗氧化酶的活性提高作物的抗性，增强与重金属元素的拮抗作用来缓解镉的毒性（Yathavakilla et al.，2007）。硒和镉都能与蛋白质中半胱氨酸的巯基结合，外源硒供应水平可使水稻体内谷胱甘肽过氧化物酶底物中的谷胱甘肽含量增加，从而减少水稻对镉的吸收（Schützendübel et al.，2001）。硒能参与水稻能量代谢、蛋白质代谢，以及与其他元素相互作用，从作物代谢活跃的细胞点位上移除镉和改变细胞膜透性等方式抑制水稻各器官对镉的吸收、迁移和累积（Wan et al.，2016），缓解镉对水稻的毒害，增强水稻的耐受性。在中低度镉污染稻田，喷施硒肥不仅降低了稻米垩白度及镉含量，还提高了稻米中的硒含量和整精米率（徐琴等，2019）。

锌（Zn）是作物生长必需的微量元素，在作物体内与镉表现为拮抗作用，可以抑制根系对镉的吸收和转运，降低镉含量（Saifullah et al.，2016）。一方面锌与镉竞争作物细胞膜表面的吸收位点，锌吸收量增加，镉吸收量则减少（Hart et al.，2002）；另一方面，镉与锌在作物体内利用相同转运蛋白运输，如转运蛋白 OsZNT1 和金属 ATPase2（OsHMA2）转运蛋白（Takahashi et al.，2012）。作物体内锌含量增加，与镉竞争此类转运蛋白上的重金属结合位点，最终导致作物体内的镉含量减少（董如茵等，2015）。有研究表明：在植株体内，锌与镉呈负相关性（张建辉等，2015）。水稻叶面喷施 $ZnSO_4 \cdot 7H_2O$ 显著降低了土壤中有效态镉含量，一定程度地能减少水稻籽粒镉的积累，这可能与淹水栽培下锌肥中 SO_4^{2-} 被氧化还原为 S^{2-}，进而与镉离子形成硫化镉沉淀有关（张良运等，2009）。锌还是生物体内很多酶的组成成分。作物体内锌含量增加后，更多的锌仍然能够与锌酶结合，使锌酶保持原有活性和免遭镉毒害，因而增强了作物对重金属的耐受能力（艾伦弘等，2005）。赵海香等（2011）报道的叶面肥中含有锌等有效成分。一定条件下锌与镉等重金属之间也会发生相互协同作用，这可能与作物种类、环境因素以及锌浓度有关。

铁是作物必需的微量元素，其作用是提高细胞内抗氧化系统保护酶的活性，清除重金属产生的大量自由基，降低作物膜脂过氧化的程度，保护细胞完整性，减轻重金属的毒害，起到阻控重金属进入细胞内部的作用（张梅华等，2017）。水稻体内缺铁时会诱导 OsNramp1、IRT1 和 IRT2 转运蛋白表达，这些蛋白在转运铁的同时也可以转运镉。叶面喷施 $FeSO_4 \cdot 7H_2O$ 能显著增加水稻体内 Fe^{2+}，减少转运蛋白的表达，降低水稻体内的镉含量（李磊明等，2019）。也有报道称，叶面喷施 $FeSO_4$ 及 $EDTA-Na_2Fe$ 均显著增加了水稻根系、地上部分稻米中的镉含量（邵国胜等，2008）。此外，Fe^{2+} 对根际环境中的镉活性具有调控作用，其通过形成铁硫化物降低根表铁膜中镉的含量，同时铁硫化物与镉共同沉淀，降低水稻分蘖期至灌浆期根际土壤中镉的活性，进而减少水稻对镉的吸收，而在水稻生育后期排水晒田，致使铁硫化物氧化释放镉，导致成熟期根际土壤中的镉活性升高（李义纯等，2019）。

二、水稻叶面调控技术应用

目前，叶面调控技术在抑制水稻镉吸收上有较为广泛的应用。水稻茎、叶和谷粒中镉的积累主要是由于木质部的运输（Uraguchi et al., 2005）。研究表明，叶片外源喷施镉后，糙米中镉含量显著上升，说明叶片中的镉会转运到水稻籽粒中，并且水稻叶片中镉含量与籽粒中镉含量存在显著正相关关系（龙思斯，2016）。通过施加不同类型的叶面肥，阻隔水稻茎、叶中镉向穗部运输，可以达到降低稻米中镉含量的目的。常用的叶面阻控剂类型包括硅类、硒类、锌类等。

硅是水稻不可或缺的元素，与氮、磷、钾并称为水稻必需的"四大元素"，不仅促进水稻生长发育、改善作物的抗逆性、增强水稻光合作用、提高根系的活力，而且能够降低细胞膜的通透性及自由基对细胞膜的损害，进而抑制水稻对镉的吸收和转运来缓解其毒害（崔晓峰等，2013）。硅从叶片进入水稻体内后可向根部移动，可与镉发生沉淀反应，阻止镉的向上运输，从而减少水稻稻谷中镉含量（Liu et al.，2009）。研究发现，在水稻抽穗期和灌浆期施用硅肥的降镉效果比幼苗期施用更好（邓晓霞等，2018）。此外，喷施硅肥还能显著增加单株有效穗数、千粒重和单株穗质量（Huang et al.，2017）。李柏芳等（2013）研究表明，水稻喷施叶面硅肥（SiO_2 有效成分≥20%，粒径 5~50 nm，pH 值微酸性）可以增产5%以上，并且显著降低农作物镉含量。王世华等（2007）研究表明，水稻盆栽喷施有机硅和无机硅后，在硅结合蛋白的诱导下，硅在水稻根系内皮层及纤维层细胞附近沉积阻塞细胞壁孔隙度，根系和茎叶细胞壁中的硅可以与 Cd^{2+} 形成 Si-Cd 复合物，增加了根系对镉的吸附和固定，籽实中镉的吸收量均显著降低。

硒不仅是对人体有益的微量元素，而且对抑制水稻中重金属镉的吸收具有很好的效果。硒进入作物体内能与重金属镉相结合形成难溶的镉 SeO_3，使其难以被作物所吸收。研究发现，硒可以使重金属在细胞点位上发生移动或者改变细胞膜对重金属镉的渗透性，从而影响镉在作物体内的转运（安志装等，2004）。黄太庆等（2017）研究发现，水稻在破口期15~30 d 进行叶面喷施硒肥，稻米中的镉含量显著减少。方勇等（2018）发现，喷施 75 g/hm^2 和 100 g/hm^2 硒肥，显著降低稻米中镉含量。喷施硒肥要在一定浓度范围内，只有适宜的硒浓度才能发挥对重金属的正面调控作用，若浓度太高，则会引起作物中毒。张璐等（2017）研究发现，当喷施的亚硒酸钠浓度高于 5 mg/L 时，会增加镉在孕穗期和成熟期茎叶和籽粒中的含量。此外，硒还能增加稻米中铁元素和锰元素含量，有效地抑制水稻对铜、汞和镉的积累（高敏等，2018）。对于镉污染稻田，喷施适量浓度的硒肥不仅能提高稻米营养品质，还能降低稻米镉含量。

锌不仅能够抑制水稻对镉的吸收，而且是水稻生长的重要微量元素，对水稻有明显的增产效果。叶面施锌可以使水稻叶片中的锌和镉共用的亲和性质膜转运蛋白产生锌/镉拮抗作用，从而降低水稻对镉的吸收（虞银江等，2012）。锌还能与镉竞争细胞上的结合位点，最终实现降低镉含量的目标（Adiloglu et al.，2002）。索炎炎（2012）研究表明，叶面喷施锌肥后可以显著增加水稻的鲜量和干物质的积累，也可以使得稻米中镉含量降低15.4%。吕光辉等（2018）研究发现，叶面喷施浓度为 3~5 mg/L 的硫酸锌，是叶面调控稻米镉积累的适宜浓度，因其降低了根和旗叶第一节及穗轴向稻米的转运，显著降低了稻米镉含量，同时显著提高稻米中锌含量。

三、小麦叶面调控技术应用

小麦是我国广泛种植的粮食作物,对保障国家粮食安全具有重要作用。但是小麦是粮食作物中较易吸收和累积镉的作物,研究发现,小麦生长过程中对镉的吸收高峰主要出现于拔节至抽穗期和灌浆期(周相玉等,2012),其中籽粒内积累的镉主要来源于地上部茎、叶等器官的转运(Yan et al.,2010)。因此,在小麦镉污染治理中,采用叶面调控是十分有效的措施之一。目前,应用较多的叶面阻控剂有括硅类阻控剂、硒类阻控剂、锌类阻控剂等。

研究表明,小麦对于锌、锰与镉的吸收及在作物内的运输具有拮抗作用,可通过叶面喷施锌肥来调控小麦对镉的吸收及转移(王科等,2019),对控制小麦镉积累有一定效果,能够降低小麦籽粒镉含量。喷施有机硅助剂还能有利于改善叶面肥肥液的界面性质,提高肥液在叶片的附着面积、附着量和附着时间,从而提高叶片对叶面肥的吸收利用(谢晓梅等,2019),抑制小麦体内镉积累。因此,在单一硒肥中添加适量硅肥可以提高硒肥应用效果。研究表明,小麦叶面喷施硒类叶面阻控剂时,喷施期后移有利于提高小麦籽粒中硒的累积以及硒的有效利用率(Deng et al.,2017)。叶面喷施0.3%的硫酸锌能缓解小麦所受到的镉毒害,并能显著降低小麦籽实中的镉含量。从喷施时间看,在小麦孕穗期喷施硫酸锌对降低小麦籽实中镉含量效果要显著优于分蘖期、拔节期、抽穗期和灌浆期(Saifullah et al.,2016)。

四、蔬菜叶面调控技术应用

在蔬菜重金属镉污染治理当中,对叶面调控方面也屡有研究,特别是叶菜方面。喷施叶面阻控剂不仅降低蔬菜的镉富集,而且可为蔬菜的生长补充所需的营养,增强蔬菜对环境的适应能力和抗逆性,并促使蔬菜增产(龙思斯等,2016)。常用的叶面阻控剂类型包括硅类、硒类和锌类等。

硅能缓解重金属对蔬菜的毒害,叶面喷施硅可显著降低白菜地上部镉的浓度和累积量(李超,2001)。硒对作物重金属逆境胁迫,具有显著的拮抗效应,能显著降低作物对镉的吸收(Ding et al.,2014)。叶面喷施锌和硒可增加镉胁迫下生菜中锌和硒的含量,硒含量的增加提高了谷胱甘肽过氧化物酶的活性,生菜中Cd含量降低了37.1%的。代晶晶(2017)研究发现,小油菜缺锌和不缺锌条件下叶面喷施锌肥均可显著降低小油菜可食部镉含量,不同锌肥对小油菜镉含量影响差异不显著;吕选忠等(2006)以生菜为研究对象发现,在外源添加镉污染条件下进行叶面喷施硒肥和锌肥的处理,生菜中硒的含量比对照提高了 12 倍，镉含量降低 31.63%；喷施锌肥后生菜中锌含量提高了 117%，镉含量下降了 37.01%。硒在作物体内使谷胱甘肽过氧化物酶的活性增强，使含镉金属酶的形成受到抑制，从而抑制了作物对镉的吸收。王立新等（2009）研究发现，在镉胁迫下，不同浓度的硒对豌豆生长和生理特性有一定的影响。结果表明，在低浓度硒的处理下，豌豆的抗性增强，受重金属毒害的症状得到一定程度的缓解。张海英等（2011）研究发现，一定浓度的硒处理能显著降低镉和铅在草莓中的积累。叶面喷施硒时，要科学施用，选择合理的用量和浓度，若浓度过高可能会引起负面效果。刘燕等（2008）研究表明，当硒的浓度<15 mg/L 时，油菜的生长被促进，各生理活性有增强趋势，并能抑制油菜对镉的吸收；而当硒的浓度>15 mg/L 时油菜表现出更严重的重金属毒害症状，说明高浓度的硒与镉有协同作用，促进了作物对镉的吸收。

五、叶面调控技术在玉溪市的应用

玉溪市耕地重金属污染生产障碍主要以镉污染为主。2018 年，在玉溪市澄江市、红塔区、通海县选择 81 亩镉污染生产障碍耕地，开展了叶面调控技术试验示范。试验作物主要是粮食作物和蔬菜。粮食作物选择了水稻、小麦和玉米；蔬菜花椰菜、芹菜、青蒜苗、四季豆、莴笋、小葱等。选用的叶面阻控剂为硒类叶面调控剂。叶面阻控剂每亩用量为 500 mL，采用人工喷施和无人机喷施的方式。喷施时间选在晴朗无风且温度不高的时候，使喷施的叶面阻控剂能够在叶面充分停留并被农作物吸收。叶面阻控剂的成分见表 6-2。为评价叶面阻控剂的试验效果，以作物的富集系数为指标，评估叶面阻控剂在不同作物上的应用效果。

表 6-2 叶面阻控剂主要成分

项目	依据	标准要求	实测结果
pH	NY/T 1973—2010	7.0~9.0	8.86
密度（g/cm^3）	NY/T 887—2010	>1.05	1.20
硅（g/L）	NY/T 1972—2010	≥100	148
水不溶物（g/L）	NY/T 1973—2010	≤10	1.68
汞（mg/kg）	NY/T 1978—2010	≤5	未检出（检出限为 0.003）
砷（mg/kg）	NY/T 1978—2010	≤10	0.04
镉（mg/kg）	NY/T 1978—2010	≤10	未检出（检出限为 0.05）
铅（mg/kg）	NY/T 1978—2010	≤50	未检出（检出限为 0.5）

(续表)

项目	依据	标准要求	实测结果
铬（mg/kg）	NY/T 1978—2010	≤50	未检出（检出限为0.5）
钠（g/L）	NY/T 1972—2010	≤10	6.05
硫（g/L）	NY/T 1117—2010	≤10	0.06

（一）叶面调控技术在粮食作物上应用

玉溪市种植的粮食作物主要有水稻、小麦、玉米。为评估叶面调控技术对粮食作物镉积累的效果，采用富集指数作为量化评价指标。喷施叶面阻控剂可以抑制重金属镉在水稻、小麦、玉米等粮食作物体内的迁移和累积。玉溪市耕地镉污染生产障碍治理修复试验结果表明，喷施硒类叶面阻控剂抑制水稻、小麦、玉米等粮食作物的效果存在差异，具体的富集系数见图6-3。从镉富集系数来看，在未喷施硒类叶面阻控剂的情况下，水稻、小麦、玉米的镉富集系数分别为0.264 2、0.164 4、0.171 1，喷施硒类叶面调控措施后水稻、小麦、玉米的镉富集系数为0.102 9、0.120 0、0.101 3，分别下降61.05%、26.74%、40.81%。从研究结果看，硒类叶面调控措施对降低粮食作物吸收镉有明显效果，其中对控制水稻富集镉的效果最好。

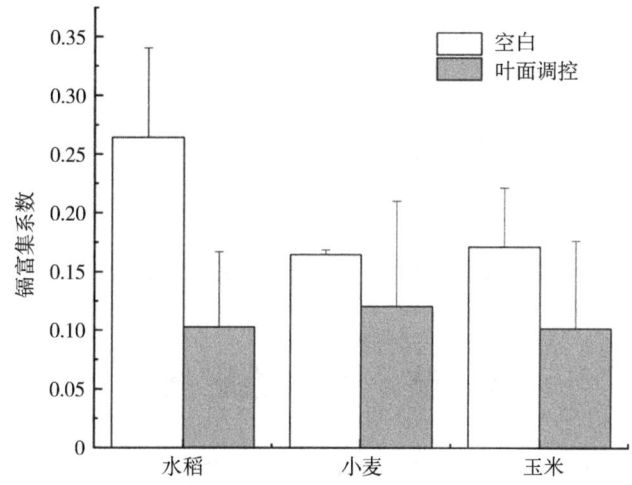

图6-3 叶面调控对粮食作物镉富集系数的影响

(二) 叶面调控技术在蔬菜上应用

玉溪市是重要的菜篮子基地,蔬菜品种多、面积大。为保证玉溪市蔬菜的安全生产,选择了当地主要的蔬菜品种,主要有花椰菜、芹菜、青蒜苗、四季豆、莴笋、小葱等,开展叶面阻控技术在蔬菜上的试验示范。从富集系数来看,未喷施硒类叶面阻控剂的情况下,花椰菜、芹菜、青蒜苗、四季豆、莴笋、小葱的镉富集系数依次为0.018 2、0.463 6、0.043 0、0.040 2、0.156 2、0.026 3,喷施叶面调控措施后,花椰菜、芹菜、青蒜苗、四季豆、莴笋、小葱的镉富集系数依次为0.012 1、0.071 6、0.035 2、0.012 6、0.042 6、0.022 4,其镉富集系数分别下降33.52%、84.56%、17.97%、68.66%、72.72%、14.88%(图6-4)。试验结果显示,叶面调控对控制芹菜镉富集的效果最为明显。

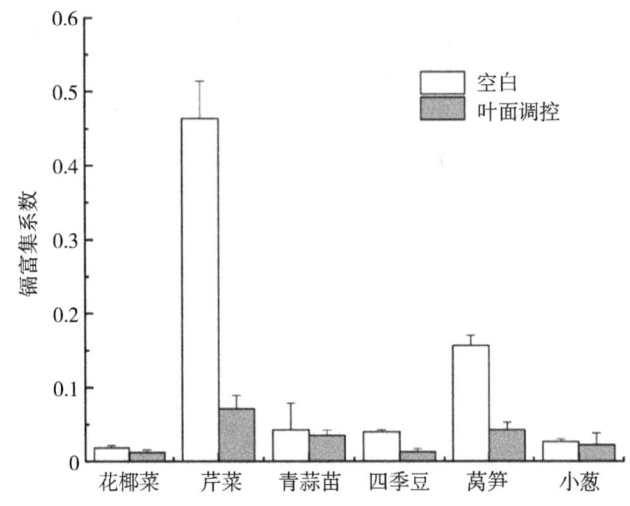

图6-4 叶面调控对蔬菜镉富集系数的影响

第三节 优化施肥技术

施肥不仅满足作物生长所需要的营养物质,而且可以对土壤中重金属的活性产生重大影响。优化施肥是根据土壤环境状况和作物生长特点,优化化肥、有机肥的种类和用量。肥料对镉有效性的影响与其对土壤pH值的影响之间存在很强的关联,肥料酸化作用越强,镉有效性越高(Eriksson et al., 1990)。

不同区域的气候条件、种植模式、土壤类型、肥料种类及施肥制度等方面存在较大差异，导致施肥对土壤镉形态转变及其有效性影响的研究结果存在差异（高广贤等，2002）。镉在土壤中以不同形态存在，不同种类肥料及施用量影响作物对的镉吸收和积累。选择适宜的氮、磷、钾肥料和合理施用量，配施有机肥，优化肥料使用结构，对控制作物对镉的吸收和积累具有很好的效果。

一、氮肥对作物镉吸收积累调控与应用

氮肥是植物最重要的大量营养元素。氮肥一般是指含有氮营养元素的肥料，氮在氮肥中存在的形态主要有铵态氮（NH_4^+）、硝态氮（NO_3^-）、酰胺态氮等，可分为铵态氮（NH_4^+）肥、硝态氮（NO_3^-）肥、酰胺态氮肥，不同形态的氮对参与调控作物镉的吸收和积累有着不同的影响。

（一）铵态氮肥对镉吸收积累的影响

铵态氮肥中的 NH_4^+ 可以作为营养物质直接被作物根系吸收。铵态氮肥施入土壤中，一部分又被固定储存在土壤孔隙中，并将随着使用时间的逐步推移被缓慢均匀地重新释放；一部分被作物吸收，铵态氮进入作物体内能相对减少作物对镉的过度吸收及积累，从而能够显著地减轻作物镉毒害（陆汉唐，2023）。但也有研究认为（Lorenz，2010），作物在利用铵态氮时释放的酸性质子会导致根际土 pH 大幅降低，显著促进土壤中镉的溶出，促使根际环境中镉元素由结合态向可交换态的转化，增加了土壤镉的有效性，可交换态镉间接促进了作物与土壤溶液之间的离子交换。从而提高作物根部对镉离子的吸收和积累。

（二）硝态氮肥对作物镉吸收积累的影响

硝态氮肥作为速效性氮肥，能够促进水稻对镉的吸收与积累，硝态氮肥在灌溉或降雨后易被淋洗到深层土壤，吸湿转化为液体。当作物根部吸收 NO_3^- 时，土壤中 Cd^{2+} 作为阳离子在导管内参与转运，使 Cd^{2+} 借助这一途径间接进入作物体内，促进了作物对镉的吸收和积累。

（三）酰胺态氮肥对作物镉吸收积累的影响

酰胺态氮肥能够直接促进水稻植株对提取态镉的吸收积累，尿素是栽培中的最为广泛用到的氮肥种类。尿素进入酸性土壤环境后也会增加镉的活性。同时使土壤中提取态镉、可溶性镉的含量显著增加。促进作物根系对镉元素的吸收（陆汉唐，2023）。

（四）优化氮肥品种对作物镉吸收积累的影响

氮肥的施用应考虑当地的土壤环境状况，根据土壤物理和化学性质选择适

宜的氮肥品种。适当施用氮肥可以通过促进基质蛋白的含量、叶片的光合能力以及作物的生长来减轻镉在实际土壤条件下的毒害作用（Pankovic，2000）。NH_4^+ 和 NO_3^- 是氮肥中氮存在的主要形式，二者分别诱导 OH^- 和 H^+ 的产生，从而改变根际的 pH 值，进而对土壤中的镉的有效性产生影响。事实上，氮肥并不是严格调控 pH 从而改变植物对镉的吸收，还要考虑土壤的缓冲能力、伴随离子种类等因素。

对大多数植物而言，氮肥对作物镉吸收和积累具有正效应（杨永杰，2016），硬质小麦、油菜、小白菜、芥菜、东南景天、秋茄、杨树等。无论何种氮肥形态，一定程度增施氮肥均能够缓解重金属镉对植物的毒害，然而随着氮肥用量的增加，不同作物对镉的吸收和积累表现不同。

植株在 NH_4^+ 和 NO_3^- 处理下对镉的吸收，在不同作物之间表现不同，油菜、莴苣、烟草、向日葵、东南景天、芥菜施用 NH_4^+ 吸收更多的镉，然而，对于水稻、马铃薯、天蓝遏蓝菜、番茄而言，施用 NO_3^- 比 NH_4^+ 积累更多的镉。施用量相同的情况下（180 kg N/m²），相比酰胺态氮（尿素）、硝态氮 [$Ca(NO_3)_2$] 和有机氮 [有机肥]，铵态氮 [$(NH_4)_2SO_4$] 能够显著提高镉胁迫下水稻的产量，且能够显著减少水稻籽粒中镉的积累量（Jalloh et al.，2009）。适量的尿素（0.2g N/kg）能够显著降低水稻籽粒镉含量，不施或高量施均显著提高水稻籽粒镉含量（甲卡拉铁等，2010）。对小麦而言，硝态氮能使小麦籽粒产量更高，且镉含量较低（于冲冲，2021）。

在生产实践中，保持施氮量不变的条件下，也可以通过改变施氮肥比例与时间来影响作物体内镉的转运与积累，从而达到降低作物镉含量的目的。氮肥适时前移、在重施基肥的基础上适当配施分蘖肥、穗肥，能够有效地降低稻米镉含量（张玉盛，2019）。

二、磷肥对作物镉吸收积累调控与应用

作为植物必需的大量元素之一，磷参与了细胞发育、代谢调控和信号传导等多种生理生化过程（赵艳玲，2021）。多项研究表明，磷还参与调节植物体对镉的吸收转运过程（Lee et al.，2018；Dai et al.，2017）。土壤中施用不同种类的含磷化合物可以显著影响土壤中的镉的化学形态。

施用磷肥在土壤中引入竞争性阳离子，向镉污染土壤中添加钙镁磷肥，土壤中镉的有效态含量下降（王朋超等，2016），碱性钙镁磷肥既能中和土壤酸性物质提高土壤 pH 值，同时又能引入 Cd^{2+} 的竞争性离子 Ca^{2+} 和 Mg^{2+}，而降低有效态镉的溶解度，而且由于 Ca^{2+} 与 Cd^{2+} 具有相同化合价态，能够与 Cd^{2+} 竞

争根系细胞膜表面的吸附点,从而减少作物根系吸收镉(张燕等,2022)。

磷肥施入土壤后与镉离子形成难溶性物质,磷酸盐还可以通过增加植物中 $Cd_3(PO_4)_2$ 等难溶性磷镉复合物的比例来降低镉的生物活性和移动性(Qiu et al.,2011)。形成 $Cd_3(PO_4)_2$ 沉淀是中性到碱性土壤中含磷化合物促进土壤中镉固定的重要机制(Seshadri et al.,2016)。

施用磷肥后增加了土壤中的负电荷,磷灰石、磷矿石等难溶且具有较大表面积的物质上具有较多负电荷,可以大量吸附镉(赵艳玲,2021)。磷还可以促进土壤团聚体对镉的吸附,施用磷肥可以向土壤团聚体中引入负电荷,从而增加土壤团聚体中的阳离子结合位点,促进土壤团聚体对镉的吸附(Siebers et al.,2013)。在施用高浓度磷肥时,磷诱导了镉的吸附,使得土壤中可溶态镉含量显著下降。经过磷酸盐预处理后,土壤团聚体对于 Cd^{2+} 的吸附速率增加。向土壤中施用含磷化合物可以降低土壤的氧化还原电位,而在土壤氧化还原电位显著下降时,土壤中的 SO_4^{2-} 等可被还原成 S^{2-},这些 S^{2-} 与镉结合形成 CdS 沉淀(Makino et al.,2009)。

施用磷肥影响土壤 pH 值,在根际环境中磷酸盐主要通过影响土壤 pH 值来影响镉离子的转运。碱性磷肥可以通过中和土壤中的酸性物质来增加土壤中的 OH^-、CO_3^{2-} 等物质的含量,从而促进 $Cd(OH)_2$、$CdCO_3$ 等沉淀形成,降低重金属的可溶态组分比例。

施用含磷化合物不仅可以影响根际中镉的生物有效性,还可以影响镉在植物体内的转运过程及镉在亚细胞组分中的分配比例。在缺磷土壤中,施用磷肥可以促进植株生物量的增加,从而通过"稀释作用"缓解镉对植物的毒害作用。含磷化合物对植物镉积累特性的影响主要通过影响根表铁膜对镉的富集,细胞壁对镉的固定,细胞膜区隔化镉等过程影响镉的生物活性。根系细胞壁是根系固定镉的重要部位。磷对植物根系细胞壁的发育具有重要影响。缺磷可以促进植物侧根根毛伸长作用,在正常供磷水平下,水稻主根生长旺盛,成熟根系的细胞壁发育完整,木质素、果胶、纤维素、半纤维素等物质的含量丰富,能够提供较多的阳离子结合位点,可以促进镉在根系细胞壁上的固定。磷可以增加细胞壁中 HPO_4^{2-} 和 $H_2PO_4^-$ 等负电离子含量,从而增加细胞壁中镉的结合位点,增加细胞壁的镉容量。磷对细胞膜系统的稳定性和多种物质的跨膜转运有显著影响。磷酸盐处理可以上调水稻根系细胞膜上的自然抗性巨噬细胞蛋白基因(*OsNRAMP*)的表达,从而缓解镉对原生质膜的氧化损伤。磷还能促进植物体内的磷酸盐与镉形成络合物,磷镉络合物在根、茎、叶中分配比例大约为50.5%、39.8%和34.8%。在细胞区隔化镉的过程中,氨基酸、植物螯合肽、有机酸等多种小分子物质作为信号物质和螯合物发挥了重要作用。磷可以通过影响这些物质的含量变化而间接影响植物体内镉的生物活性（赵艳玲，2021）。

磷肥不仅可为各类农作物快速生长发育以及增加产量提供了大量必需营养元素，还可直接吸附镉污染耕地上的镉元素、与镉共沉淀、影响土壤pH值等促进土壤团聚体对镉的吸附以及提高磷酸等难溶性磷复合物比例降低镉的生物有效性，进而降低农作物中的镉含量。施用磷肥是镉污染耕地上应用优化施肥技术的有效措施之一。但也有研究表明，磷肥中含有一定数量的镉，人类活动对土壤镉的贡献中，含镉磷肥的施用占54%~58%（何振立，1998）。如长期施用含镉量较高的磷肥可在一定程度上增加土壤镉累积，与氮钾肥不同，磷肥因其生产工艺的差异，高达67%的天然磷矿石应用于磷肥生产（卢科，2020），天然磷矿石中部分重金属元素及放射性物质随着磷肥生产与使用过程进入土壤，对生态环境造成污染，因此对施用磷肥品种的选择尤为重要。

就不同农作物而言，在镉污染水稻土中，随着钙镁磷肥施用量的增加，水稻植株各部位镉的积累量显著降低，且大量施用后可使数季水稻镉的吸收量显著降低（曹仁林等，1993）；在镉污染耕地种植油菜时，也可通过添加钙镁磷肥，降低土壤中镉的有效态含量，使种植油菜的生物量显著上升，油菜地上部分的镉含量显著下降（王朋超，2016）。当钙镁磷肥施用量在75~600 kg/hm²（以P_2O_5记）范围内时，随着施磷量的增加，土壤有效镉的质量分数下降，玉米秸秆及籽粒镉累积量在高磷处理下（600 kg P_2O_5/hm²）分别比低磷处理（75~300 kg P_2O_5/hm²）降低13.6%~41.5%和8.8%~29.3%（区惠平等，2014）。

三、钾肥对作物镉吸收积累的调控

钾是植物生长必需的大量元素，能促进植物茎秆增粗及根系生长。同时，钾能影响植物水分代谢、酶活性、碳氮代谢增强植物抗逆性，影响土壤酶活性，改善土壤肥力。我国钾肥品种主要为氯化钾（KCl）、硫酸钾（K_2SO_4）和硝酸钾（KNO_3）。钾（K^+）作为金属阳离子，能够与Cd^{2+}竞争土壤表面吸附位点，导致土壤中有效态镉含量增加，但是钾离子的竞争作用很弱，另一方面，钾离子对土壤pH值的影响也较小，生产实践中发现，施用氯化钾会促进作物对镉的吸收，这是因为钾肥影响植物镉积累差异主要是其伴随的阴离子作用导致的。由于氯离子能够与土壤中金属离子产生配位反应，依据溶液中氯离子的不同浓度而分别以$CdCl^+$，$CdCl_2^0$，$CdCl_3^-$，$CdCl_4^{2-}$等形式存在。在土壤中由于镉离子和氯离子的络合作用，大大提高了溶液中镉的浓度，而被土壤吸附的镉显著减少，镉的活性增强，而 CdCl⁺ 能够在根际重新释放镉离子，从而促进植株吸收镉。SO_4^{2-} 在淹水等缺氧条件下被还原生成 HS^-、S^{2-} 等硫化物，一方面能够与 Cd^{2+} 形成 CdS 沉淀直接降低土壤有效态镉含量，另一方面单硫化物（S^{2-}）可将 MnO_2、$Fe(OH)_3$ 等氧化物分别还原为 Mn^{2+}、Fe^{2+}，与 Cd^{2+} 竞争根系细胞膜上的离子转运蛋白结合位点，从而间接降低土壤镉生物有效性（张燕等，2022）。

我国农用钾肥主要为氯化钾、硫酸钾和硝酸钾。氯化钾为生理酸性肥料，在中性或酸性土壤中施用能影响土壤 pH 值，且 K^+ 与土壤重金属离子置换，影响土壤水合态、交换态镉含量。而土壤 pH 值与可交换态镉呈显著负相关，而当土壤 pH 值提高时，铁氧化态镉含量提高。钾肥对土壤中镉元素形态影响有浓度效应。在碱性土壤中，低镉（0.4~0.5 mg/kg）污染土壤施用氯化钾，降低了碳酸盐结合态镉、提高了铁氧化态镉，而施用氯化钾对有机结合态镉的影响为低抑高促。在低镉条件下，施用少量氯化钾不会明显增加植物对镉的吸收，只有在施用量较高时才促进了植物对镉的吸收，磷酸二氢钾始终表现为显著降低植株对镉的吸收，氯化钾的施用有增强镉危害的风险，由于植物吸收镉是长期而持续的，因此，对于长期向大田施用氯化钾，将对镉污染的大田导致作物体内镉含量升高的幅度大，所以在镉污染的农田中应不施或尽量少施氯化钾，选择施用磷酸二氢钾，此外硫酸钾和硝酸钾在常规施用下也不会有太大风险（刘平，2006）。

四、有机肥对作物镉吸收积累的调控

有机肥通过改变土壤结构、理化性质以加强土壤吸附固定镉，例如大幅提高土壤水溶性有机碳、氮含量，降低土壤 Eh，促进土壤环境 pH 值上升等（薛毅等，2020）。

施用有机肥对土壤 pH 值的影响不同。大量研究表明，有机肥能提高土壤 pH 值，一般能提高 0.06~0.90 个 pH 值单位。与化肥相比，早稻施用以鸡粪为原料的有机肥，晚稻收获时土壤 pH 值上升 0.2~0.4 个单位，施用以牛粪为原料的有机肥，一季稻稻田 pH 值升高 0.62 个 pH 值单位（熊建军，2021）。由此可见，施用有机肥后土壤 pH 值均呈现上升趋势。土壤 pH 值与土壤有效态镉含量呈显著负相关，施用有机肥改变土壤中 pH 值，pH 值的变化导致土壤镉有效性变化，农作物对镉的吸收很大程度上受土壤有效镉含量的影响，进而引起植株各器官对镉的富集及转移差异。因此，施用有机肥提高农作物根际土壤 pH 值，能够降低土壤有效镉含量，能显著抑制作物对镉的吸收。

有机肥施入农田会增加土壤有机质含量，而土壤有机质中含有的活性基团（-COOH、-OH等），对重金属离子具有较强的吸附能力，还能与土壤中重金属形成配位络合物，降低土壤有效态镉含量。但也有研究发现，有机肥对土壤重金属具活化效应，会提高土壤重金属的移动性和生物有效性，造成施用有机肥后土壤有效态镉含量增加。

施用有机肥能够促进土壤中的镉由可交换态和碳酸盐结合态向铁锰氧化物结合态、有机结合态和残留态转化，即由生物有效性向非生物有效性的转化，其中有机结合态和残留态镉的转化量较大，铁锰氧化态镉的转化量较小，施用羊粪、鸡粪的处理土壤中可交换态镉与碳酸盐结合态镉含量会随施肥量的增加而降低，铁锰氧化态镉、有机结合态镉和残留态镉会随施肥量增加而增加（刘秀珍等，2014）。然而也存在部分小分子水溶性有机-Cd螯合物提高土壤镉的迁移力和生物有效性（张敬锁等，1999），值得注意的是，由于有机肥成分在土壤中容易分解成有机酸类物质，土壤酸化会促使固定镉解吸附（Yi et al.，2018），因此长期滥用有机肥反而会促进作物镉积累。

有研究认为有机肥施用是土壤镉累积的主要原因之一（索琳娜等，2016），长期施用有机肥（猪粪、牛粪）会增加土壤镉全量（王腾飞等，2017），其主要原因是有机肥本身也携带一定量镉，长期施用会提高土壤镉的投入，因此施用前必须明确有机肥中镉含量在安全范围内。

合理施用有机肥能够有效钝化土壤中的镉，增强小麦抗性，抑制小麦对镉的吸收，降低镉对小麦的毒害程度，其效果优劣顺序为猪粪>羊粪>鸡粪（刘秀珍等，2014）。化肥减量配施有机肥对土壤理化性状影响显著，配施有机肥可改善土壤理化性状、增强碱性磷酸酶活性等生物学特征，可促进土壤交换态镉向有机态镉的转变，从而有效降低土壤有效态镉含量（高广贤等，2022）。有研究表明降低土壤有效态镉效果"习惯施肥+微生物菌剂+有机肥"组合成的农艺措施效果最好，降低稻谷镉含量效果以添加熟石灰、土壤调理剂、草木灰等材料组合成的农艺措施效果最好，从高到低依次为"草木灰+有机肥+配方肥">"习惯施肥+熟石灰">"熟石灰+有机肥+配方肥">"习惯施肥+土壤调理剂"。

有机肥不同施用量也会影响镉污染耕地中的有效态镉含量。增施45 g/kg的有机肥相比于25~35 g/kg的有机肥，在水稻成熟期，土壤中有效态镉含量显著降低，稻米中镉元素含量降低更为明显（李小飞，2021），这说明在一定范围内增加有机肥施用量能有效的降低农产品镉含量。

五、玉溪市优化施肥技术应用

在玉溪市耕地生产障碍修复利用实施过程中，优化施肥技术主要采用增施有机肥，调整化肥品种，每亩增施有机肥 150 kg，改用钙镁磷肥。以富集系数（富集系数=作物中的重金属含量/土壤中的重金属含量）为评价指标，评价优化施肥技术措施的实施效果。

（一）优化施肥对粮食作物镉富集的效果评价

粮食作物主要选择水稻、小麦、玉米等主导品种，优化施肥技术措施对水稻、小麦、玉米等粮食作物镉富集系数的影响见图 6-5。从镉富集系数来看，在未采取优化施肥技术措施的情况下，水稻、小麦、玉米的镉富集系数分别为 0.264 2、0.164 4、0.171 1，采取优化施肥技术措施后水稻、小麦、玉米的镉富集系数为 0.074 9、0.115 1、0.146 3，分别下降 71.64%、29.96%、14.49%。由此可以看出，采用优化施肥对控制水稻镉富集的效果最明显，对小麦、玉米也有一定的效果。

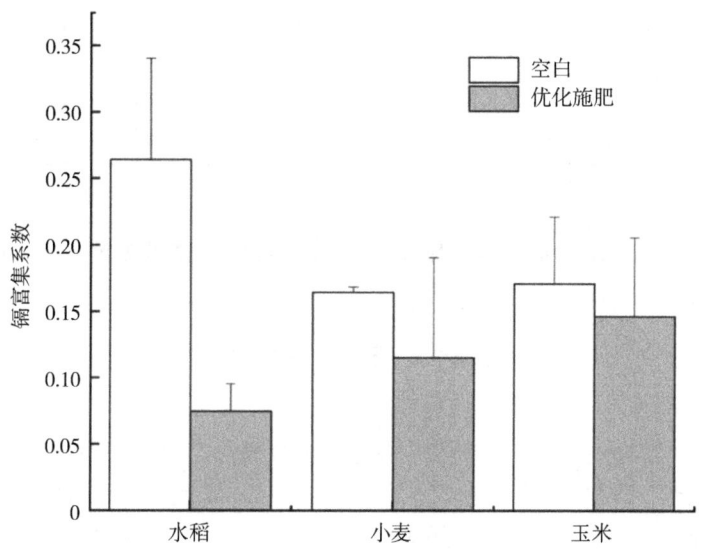

图 6-5　优化施肥技术条件下粮食作物镉富集系数

（二）优化施肥对蔬菜镉富集的效果评价

蔬菜主要选择青蒜苗、四季豆、莴笋、小葱、洋葱等，优化施肥技术措施对青蒜苗、四季豆、莴笋、小葱、洋葱镉富集系数的影响见图 6-6。从富集系数来看，未采取优化施肥技术措施情况下，青蒜苗、四季豆、莴笋、小葱、洋葱的镉富集系数依次为 0.010 2、0.040 2、0.156 2、0.026 3、0.165 7，采取优化施肥措施后青蒜苗、四季豆、莴笋、小葱、洋葱的镉富集系数依次为 0.006 3、0.033 3、0.092 6、0.024 2、0.077 5，其镉富集系数分别下降 38.57%、16.97%、40.72%、7.67%、53.23%。由此可以看出，优化施肥对控制洋葱镉富集的效果最明显。

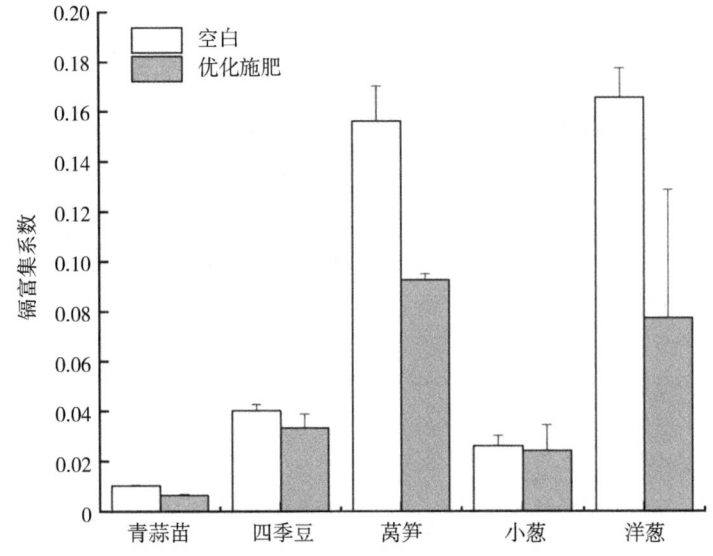

图 6-6 优化施肥技术条件下蔬菜作物镉富集系数

第四节 原位钝化技术

原位钝化技术指通过调节污染耕地中重金属形态分布以及迁移转化，降低重金属在土壤环境中的生物有效性和迁移性，从而减少镉对动植物的毒害性。具有投入低、效率高、修复时间短、操作简单，并且可以实现"边生产边修复"等特点，适用于大面积中轻度镉污染耕地的修复治理。原位钝化主要通过吸附、沉淀、离子交换和络合等反应，促进土壤中的重金属从高活性、高迁移性形态向更稳定形态的转化，从而降低重金属的毒性和迁移性及其在农作物中的积累量。

一、钝化技术机理

原位钝化技术通过向镉污染耕地中添加钝化材料，如海泡石、坡缕石、蒙脱土、黏土矿物粉、铁锰氧化物、泥炭等，将土壤中有毒有害重（类）金属离子由有效态转化为化学性质不活泼形态，降低其在土壤环境中的迁移、植物有效性和生物毒性。钝化剂的作用机理主要分为以下四种类型。

沉淀反应是指添加入污染耕地中的钝化材料与重金属离子发生一系列的物理与化学反应生成难溶性物质。沉淀反应会降低镉元素在污染耕地中的生物有效性，减少作物对镉的吸收累积。如碱性钝化剂石灰，可显著提高土壤 pH 值，促使污染耕地中的镉向结合态不易溶解态转变，以降低其生物可利用性（Brown et al, 2005）。

吸附反应是指施入重金属污染耕地的钝化材料一般具有较强的吸附能力，进入土壤后加大了土壤对镉的吸附量，从而限制土壤中镉元素的迁移能力，可减少作物对镉的吸收累积，降低耕地污染的潜在风险。研究表明黏土矿物，如海泡石、坡缕石高分子材料等因其较大的表面积，对重金属离子表现出良好的吸附能力（李剑睿等，2014）。碱性物质通过增高土壤 pH 值，使土壤颗粒表面负电荷量增加，加强土壤对镉离子的吸附（曹心德等，2011）。

络合反应是指土壤中的有机质与重金属离子发生络合反应，形成易溶或难溶的大分子络合物，从而降低重金属离子在土壤中的迁移性。当土壤存在大量有机质时，易与重金属离子形成稳定的络合物（曹心德等，2011）。某些土壤细菌及真菌可通过自身细胞壁上的活性基团（如羧基、羟基等）对重金属离子产生络合能力，使重金属离子附着在细胞表面，降低重金属在土壤中的生物有效性（王立群，2008）。

氧化还原反应主要是在变价金属如镉、铬、汞、砷等污染物中发生，这些不同价态的金属污染物，其在土壤中的移动性和生物有效性存在较大差异。如向镉污染耕地中添加富含 Fe^{2+}、Mn^{2+} 或 S^{2-} 离子得钝化材料时，其中的还原性 Fe^{2+}、Mn^{2+} 离子会与 Cd^{2+} 发生竞争吸附，还会在水稻根系表面被氧化成铁锰氧化物形成根系铁膜，阻止 Cd^{2+} 离子向水稻根系及组织中转运，S^{2-} 离子还会与 Cd^{2+} 生成 CdS 沉淀，使土壤中有效态 Cd 含量降低。

二、钝化剂种类

目前应用于镉污染耕地修复的钝化剂可分为有机类、无机类、新型材料这三大类（孙翠平等，2016）。

无机钝化剂是一类在钝化修复重金属污染中种类最多、应用最普遍的钝化材料，其中主要包括含磷材料、硅钙类材料、黏土矿物、工业废渣等。由于无机钝化剂具有操作方便、来源广泛、水溶性较高、价格较低等特点，成为钝化修复材料中最常见的选择之一。常用的无机钝化剂包括碱性无机钝化剂（生石灰、熟石灰、粉煤灰等）、磷酸盐（羟基磷灰石、磷矿粉、磷酸二氢钾和水溶性、枸溶性磷肥等）、天然改性人工合成矿物（海泡石、凹凸棒土、沸石和膨润土等）和富含铁锰氧化物的物料等。

有机物类材料不仅可以改良土壤肥力，而且可以吸附、络合土壤重金属。有机物类材料主要通过以下3种方式，来降低土壤重金属的生物有效性，一是增大土壤pH值；二是提高土壤阳离子交换量；三是形成难溶的金属有机络合物。常用的有机钝化剂包括有机酸、作物秸秆、绿肥和泥炭类物质等。

近年来，一些用于修复重金属污染土壤的新型材料被研发出来，如介孔材料、功能膜材料、植物多酚和纳米材料等（李剑睿等，2014）。

三、原位钝化技术应用

通过向土壤中添加钝化材料，如海泡石、坡缕石、蒙脱土、黏土矿物粉、铁锰氧化物、泥炭等，将土壤中有毒有害重（类）金属离子由有效态转化为化学性质不活泼形态，降低其在土壤环境中的迁移、植物有效性和生物毒性。钝化技术效果和稳定性与土壤类型、土壤理化性质、重金属种类及污染程度、种植农作物品种，以及当地降水量等密切相关，在大面积应用前，必须加强该技术的适应性试验研究，做到先小规模示范，再大面积推广应用。一方面，在实际大田推广应用中，要正确选择钝化材料种类，精准把握施用剂量，避免过度钝化和造成二次污染；另一方面，要避免对土壤理化性质及环境质量等带来负面影响。同时，钝化后需继续跟踪监测土壤重金属有效态含量及农作物可食部位重金属含量的变化，以及土壤质地、理化性质、微生物群落结构及生物多样性的变化情况，评估钝化的长期效应与可能产生的负面影响。原位钝化技术具有应用范围广、适用多种土壤类型且对多种重金属污染修复有效，药剂使用后反应快速、效果持久，便于运输、储存和使用，对个人防护设备的要求低，可以添加钙、硫、硅、锌、铜、铁、锰等微量营养元素。

（一）水稻上原位钝化技术应用

水稻是我国主要粮食作物，占据了我国55%的谷物年消耗量，相较而言，我国南方地区稻田土壤重金属污染现象更为普遍（Ye，2012）。镉污染土壤钝化修复技术中常用的原位钝化剂根据原料来源可划分为沸石、蛭石、膨润土等天然矿物（吴迪，2019），泥炭、蚯蚓粪等有机物料，微生物菌剂、菌肥等生物改良剂以及天然和人工合成的高分子材料等（Meng，2019）。

凹凸棒土、蒙脱石、白云石等黏土矿物比表面积大，结构层带电荷，可以通过发生吸附、共沉淀反应等减少土壤中重金属离子的浓度和活性，从而实现钝化效果；天然碱性矿物例如磷酸盐等，可以通过提高土壤pH值使土壤中重金属形成氢氧化物或者碳酸盐沉淀，固定在土壤中。这些钝化剂能够有效提升稻田土壤pH值，降低水稻籽粒对镉的吸收与积累，对农田土壤镉污染具有很好的修复效果。

人工合成的高分子材料例如氨基聚合物、聚丙烯酰胺、聚乙烯醇等，富含大量酰胺基、羟基和羧基等强亲水性基团，具有高水膨胀性，常被作为保水剂用于改善土壤团粒结构，提高土壤通透性，促进降水入渗，减少地表径流（魏玮，2021）。

（二）蔬菜上原位钝化技术应用

蔬菜是人类食物的重要来源，与其他粮食作物相比，叶菜类蔬菜更易积累重金属，食用受重金属污染的叶菜是人类接触重金属的主要途径之一（Kamran et al.，2019），人体内70%的镉积累来自叶菜类蔬菜（Bashir et al.，2018），因此解决蔬菜特别是叶菜类蔬菜中的重金属超标问题是一项非常重要的任务。目前常用的原位钝化剂有碳酸盐类天然矿物和有机碳、有机酸等。

碳酸盐类钝化剂能够提高土壤pH值，促进重金属形成碳酸盐、氢氧化物沉淀，降低土壤重金属的有效性，进而降低作物体内镉含量（Lee et al.，2004）。而有机碳不仅可以提高土壤有机质含量，调节土壤养分，改善土壤理化性质，还可以对重金属在土壤中的有效性起到一定的抑制作用（郝秀珍，2004）。有机碳呈碱性，具有很高的多孔结构和阳离子交换能力，含有大量的羧基和羟基，可降低镉元素的生物利用度，从而降低植物吸收和食物链转移（Kamran et al.，2019）。有机酸类例如腐殖酸，常搭配有机碳钝化剂一起使用，它可以促进矿质营养的吸收和植物的生长（Zhang et al.，2014）。当生物炭和腐殖酸在一定比例范围内复配可提高油菜的生物量，显著降低油菜中镉的累积量（郭军康，2019）。在有机质含量较低的北方镉污染土壤原位钝化处理时，施用有机物质的改良效果好于碳酸盐类无机矿物；在酸性和中性镉污染土壤原位钝化时，碳酸盐类的改良效果好于有机物质（代允超，2015）。

四、原位钝化技术在玉溪市的应用

富集系数（作物中的重金属含量/土壤中的重金属含量）在一定程度上反

映重金属在土壤—作物系统中迁移的难易程度,富集系数越低,农作物吸收重金属的能力越弱。在玉溪市的研究发现,采用原位钝化技术可以降低农作物的重金属富集系数。

(一) 原位钝化对粮食作物镉富集系数的影响

玉溪市种植的粮食作物主要有水稻、小麦、玉米,原位钝化技术对粮食作物镉富集系数的影响见图6-7。未采用原位钝化技术的空白对照条件下,水稻、小麦、玉米的镉富集系数依次为0.263 0、0.164 4、0.171 1。采用原位钝化技术后水稻、小麦、玉米的镉富集系数依次为0.084 2、0.121 2、0.132 1。采用原位钝化技术后,水稻、小麦、玉米的镉富集系数分别下降了67.97%、26.27%、22.83%。结果显示,原位钝化对降低粮食作物镉吸收有明显效果,其中对水稻镉富集系数降低幅度最大。

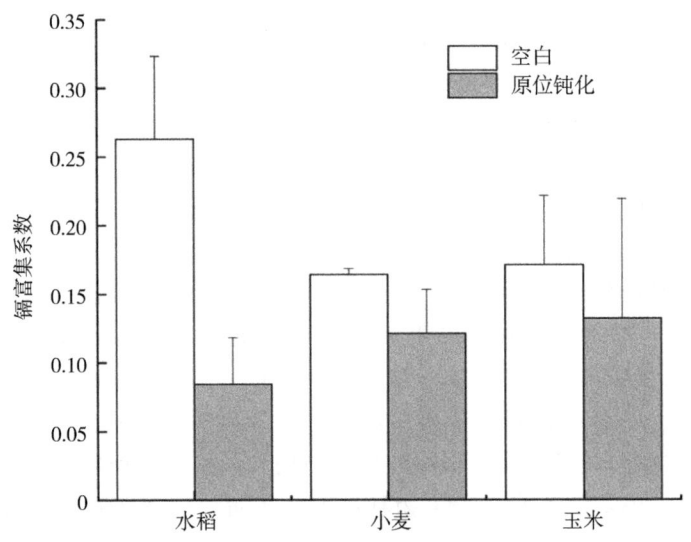

图6-7 原位钝化对粮食作物镉富集系数的影响

(二) 原位钝化对蔬菜镉富集系数的影响

玉溪市种植的蔬菜品种有蚕豆、花椰菜、青蒜苗、小葱、洋葱,原位钝化技术对蔬菜镉富集系数的影响见图6-8。空白对照条件下,蚕豆、花椰菜、青蒜苗、小葱、洋葱的镉富集系数分别为0.056 7、0.018 2、0.010 2、0.026 3、0.165 7。原位钝化后,蚕豆、花椰菜、青蒜苗、小葱、洋葱的镉富集系数分别为0.054 7、0.013 3、0.000 0、0.013 4、0.018 7。原位钝化后,蚕豆、花椰菜、小葱、洋葱的镉富集系数分别下降3.54%、26.85%、49.13%、88.72%,

原位钝化技术措施实施后青蒜苗未检出镉，原位钝化技术对降低蔬菜中的镉含量根据蔬菜种类的不同表现出较大差异，其中对控制青蒜苗镉富集的效果最明显。

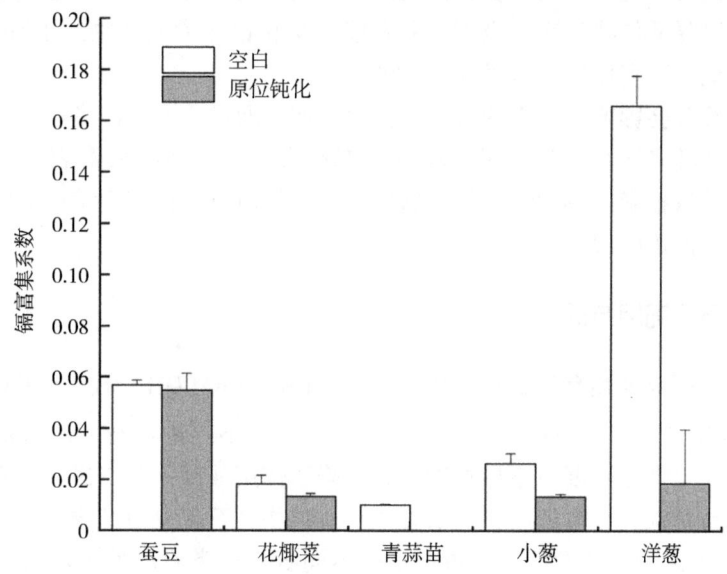

图 6-8　原位钝化对蔬菜镉富集系数的影响

第五节　石灰调节技术

土壤中镉的有效性即镉在土壤中的化学形态和吸附解吸行为很大程度上受土壤 pH 值的影响，土壤 pH 值是土壤所有参数中影响镉有效性的最重要因素。提高土壤 pH 值，土壤胶体负电荷增加，H^+ 的竞争能力减弱，使重金属被结合得更牢固，多以难溶的氢氧化物或碳酸盐及磷酸盐的形式存在，镉的有效性大大降低。因此，在酸性土壤上，采用撒施石灰提高土壤 pH 值以降低镉的有效性是治理土壤镉污染的有效措施之一。

一、石灰调节技术机理

土壤 pH 值直接影响土壤中镉的活性。在重金属污染的酸性土壤上施用石灰是治理土壤重金属镉污染的重要举措。主要技术机理有以下几个方面。

石灰是碱性物质，在酸性土壤中适量施用石灰性物质（碳酸钙、氢氧化钙、硅酸钙），可以提高土壤pH值，增加土壤表面可变负电荷，促使土壤中镉离子发生共沉淀作用，降低土壤中镉离子的活性（夏运生等，2002）。

钙是植物生物生长的重要营养元素。施用石灰可以为作物提供钙素营养，钙能稳定植物细胞壁、调控植物体内的酶及阴阳离子的平衡，在土壤中增加钙的浓度可以降低作物对镉的吸收，并且能够阻止镉元素向作物地上部分运输，可以减少镉的毒害作用（熊礼明，1993）。

施用石灰会影响耕地中的微生物群落，例如通过改变镉污染耕地中铁还原菌的组成及其多样性，降低了土壤有效态镉含量，进而降低根表胶膜镉吸附量，最终导致稻米中镉含量降低。施用石灰性物质可以促使土壤中的镉向无效态转化，降低镉的毒害。

二、石灰施用方式

常用的石灰种类有生石灰（CaO）、熟石灰[$Ca(OH)_2$]、石灰石和方解石粉（$CaCO_3$）、白云石粉[$CaMg(CO_3)_2$]等。不同种类石灰所含成分和组分比例不同，降酸强度也不尽相同。石灰降酸作用强度生石灰最强，熟石灰次之，然后是石灰石、方解石、白云石等一些矿物类石灰，但矿物类石灰的作用后效要长很多。胡德春等（2006）根据不同石灰种类对酸性土壤改良、油菜生长和产量的影响，推荐适宜的石灰用量为熟石灰粉 1 125~1 687.5 kg/hm²、碳酸钙粉 1 500~2 250 kg/hm²、白云石粉 1 500~3 000 kg/hm²。但施用过量的生石灰、熟石灰和碳酸钙粉末，容易造成土壤pH值的跳跃增加，而矿物类石灰就不会出现这样的情况。

影响石灰施用对土壤重金属的钝化效果的因素很多。石灰及石灰类物质本身的特性，如生石灰、熟石灰、石膏等的特性各不相同。生石灰主要成分为氧化钙，在施入土壤后与土壤水反应生成熟石灰氢氧化钙并释放大量热量，因此不适合在作物种植期间施用；石膏的主要成分为硫酸钙。土壤有机质含量、pH值、阳离子交换量、氧化还原电位等也会影响到石灰施用效果。在pH值较低的酸性土壤中，石灰类物质对土壤酸度的调节能力强，对重金属生物有效性的影响更为显著。单一污染或复合污染及污染重金属的种类。重金属的生物有效性在不同的pH值条件下是不同的，不同种类重金属对pH值变化的响应也存在差异，利用石灰钝化土壤重金属时，需要综合考虑污染重金属种类，施用合适剂量石灰类物质，以期达到安全利用的目的。

施用石灰可采用人工或机械化的方式，将石灰均匀地撒施在耕地土壤表面，同时补施硅、锌等元素（建议施用量见表6-3）。土壤pH值达到7.0后，需停止施用石灰。连年过量施用石灰容易破坏土壤团粒结构，导致土壤出现板结现象，还会引起土壤中钙、镁、钾等元素的平衡失调而导致作物的减产（王敬国，1995）。

表6-3 治理酸性镉污染稻田石灰（CaO）建议施用量［kg/（亩·年）］

土壤镉含量范围	土壤pH值	土壤质地		
		沙壤土	壤土	黏土
1~2倍筛选（含）	<5.5	100	150	200
	5.5~6.5	75	100	150
2倍筛选值以上	<5.5	150	200	250
	5.5~6.5	100	150	200

三、玉溪市石灰调节技术应用

玉溪市土壤大多数是酸性土壤。在峨山县开展了石灰调节技术措施试验，污染重金属污染物包括镉、铅，种植作物主要是玉米和四季豆。以富集系数（富富集系数=作物中的重金属含量/土壤中的重金属含量）为指标，评价石灰调节的效果（图6-9）。从富集系数来看，空白对照玉米镉富集系数为

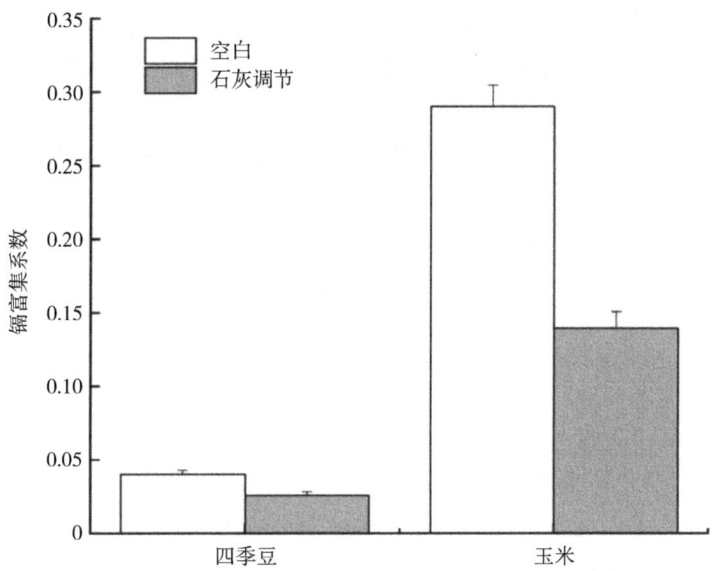

图6-9 石灰调节对镉富集系数的影响

0.290 1，石灰调节后玉米镉富集系数为 0.139 5，石灰调节后玉米的镉富集系数下降 51.91%；空白对照四季豆镉富集系数为 0.040 2，石灰调节后四季豆镉富集系数为 0.025 7，石灰调节后四季豆的镉富集系数下降 36.11%。由此可知，在玉溪市酸性土壤上石灰调节对控制镉污染效果明显。

参考文献

艾伦弘，汪模辉，李鉴伦，等，2005. 镉及镉锌交互作用的作物效应 [J]. 广东微量元素科学（12）：6-11.

安志装，王校常，严蔚东，等，2004. 镉硫交互处理对水稻吸收累积镉及其蛋白疏基含量的影响 [J]. 土壤学报，41（5）：728-734.

蔡苗苗，2021. 硒对铬污染土壤上小白菜生长与铬吸收的调节及其根际过程研究 [D]. 武汉：华中农业大学.

曹仁林，霍文瑞，何宗兰，等，1993. 钙镁磷肥对土壤中镉形态转化与水稻吸镉的影响 [J]. 重庆环境科学（6）：6-9.

曾宇斌，2016. 土壤添加硒对大豆拮抗重金属的影响 [D]. 广州：华南理工大学.

柴冠群，刘桂华，罗沐欣键，等，2021. 硒肥与钝化材料组配对土壤 Cd 钝化及稻米 Cd 消减效果 [J]. 中国农学通报，37（32）：102-107.

陈彩艳，唐文帮，2018. 筛选和培育镉低积累水稻品种的进展和问题探讨 [J]. 农业现代化研究，39（6）：1044-1051.

陈火云，谢义梅，周灵，等，2019. 施硒方式对油菜生长和籽粒硒、镉、铅含量的影响 [J]. 河南农业科学，48（3）：49-54.

陈建军，于蔚，祖艳群，等，2014. 玉米（*Zea mays*）对镉积累与转运的品种差异研究 [J]. 生态环境学报，23（10）：6.

陈瑛，李廷强，杨肖娥，等，2009. 不同品种小白菜对镉的吸收积累差异 [J]. 应用生态学报，20（3）：736-740.

程伟，张敏，李一路，等，2020. "大三元"土壤调理剂各组分对酸性镉污染稻田的修复效果 [J]. 湖南农业科学（8）：3.

代晶晶，2017. 镉胁迫对不同品种油菜根系细胞壁多糖组分及其吸附镉的影响 [D]. 沈阳：沈阳农业大学.

代允超，吕家珑，刁展，等，2015. 改良剂对不同性质镉污染土壤中有效镉和小白菜镉吸收的影响 [J]. 农业环境科学学报（1）：7.

Williams D V，2020. 玉米籽粒镉低积累基因型的筛选与相关机理的研究

[D]．杭州：浙江大学．

董如茵，徐应明，王林，等，2015．土施和喷施锌肥对镉低积累油菜吸收镉的影响 [J]．环境科学学报，35 (8)：2589-2596．

方勇，陈曦，陈悦，等，2013．外源硒对水稻籽粒营养品质和重金属含量的影响 [J]．江苏农业学报，29 (4)：760-765．

付力成，2011．叶面喷施锌肥对水稻锌吸收、分配及积累的影响 [D]．杭州：浙江大学．

高广贤，刘义强，杨波，等，2023．化肥减量配施有机肥对盐碱地土壤性状及镉形态的影响 [J]．中国土壤与肥料 (1)：30-38．

高敏，周俊，刘海龙，等，2018．叶面喷施硅硒联合水分管理对水稻镉吸收转运特征的影响 [J]．农业环境科学学报，37 (2)：215-222．

龚玉莲，杨中艺，2014．蕹菜不同镉积累品种的根际土壤化学特征 [J]．应用生态学报，25 (8)：2377-2384．

郭军康，任倩，赵瑾，等，2019．生物炭与腐殖酸复配对油菜（*Brassica campestris* L.）生长与镉累积的影响 [J]．生态环境学报，28 (12)：8．

郭晓方，卫泽斌，丘锦荣，等，2010．玉米对重金属累积与转运的品种间差异 [J]．生态与农村环境学报，26 (4)：367-371．

郝秀珍，周东美，王玉军，等，2004．泥炭和化学肥料处理对黑麦草在铜尾矿砂上生长影响的研究 [J]．土壤学报，41 (4)：645-648．

何振立，1998．污染及有益元素的土壤化学平衡 [M]．北京：中国环境科学出版社．

胡德春，李贤胜，尚健，等，2006．不同改良剂对棕红壤酸性的改良效果 [J]．土壤，38 (2)：206-209．

胡克伟，关连珠，2007．改良剂原位修复重金属污染土壤研究进展 [J]．中国土壤与肥料 (4)：5．

黄崇玲，雷静，顾明华，等，2013．土施和喷施硅肥对镉污染农田水稻不同部位镉含量及富集的影响 [J]．西南农业学报，26 (4)：1532-1535．

冀中英，李曜魁，孟前程，等，2023．水稻积累及耐受镉和砷的分子机制与育种实践 [J]．植物遗传资源学报，24 (1)：11．

甲卡拉铁，喻华，冯文强，等，2010．氮肥品种和用量对水稻产量和镉吸收的影响研究 [J]．中国生态农业学报，18 (2)：281-285．

李超，2011．硅、钼、硒及其配合喷施对几种蔬菜吸收、积累镉及蔬菜品

质的影响 [D]. 武汉：华中农业大学.

李磊明, 张旭, 李劲, 等, 2019. 矿区农田施用木炭和硫酸亚铁对水稻吸收累积镉砷的影响 [J]. 环境科学与技术, 42 (4)：161-167.

李婷, 胡敏骏, 徐君, 等, 2021. 镉低积累水稻品种选育研究进展 [J]. 中国农业科技导报, 23 (11)：11.

李小飞, 代兵, 何晓峰, 等, 2021. 生物有机肥对稻田土壤 Cd 形态和糙米 Cd 含量的影响 [J]. 安徽农业科学, 49 (6)：154-157.

李晓晴, 苗明升, 陈虎, 等, 2012. 改变镉生物有效性对植物吸收积累镉的影响 [J]. 山东师范大学学报：自然科学版, 27 (4)：4.

李义纯, 王艳红, 唐明灯, 等, 2019. 改良剂对根际土壤—水稻系统中镉运移的影响 [J]. 环境科学, 40 (7)：3331-3338.

刘君, 2018. 不同基因型花生对镉胁迫的响应 [D]. 长沙：湖南农业大学.

刘平, 2006. 钾肥伴随阴离子对土壤铅和镉有效性的影响及其机制 [D]. 北京：中国农业科学院.

刘秀珍, 马志宏, 赵兴杰, 2014. 不同有机肥对镉污染土壤镉形态及小麦抗性的影响 [J]. 水土保持学报, 28 (3)：243-247, 252.

刘燕, 蒋光霞, 2008. 硒对胁迫下油菜生物学特性的影响 [J]. 河南农业科学 (3)：47-51.

刘昭兵, 纪雄辉, 彭华, 等, 2012. 磷肥对土壤中镉的植物有效性影响及其机理 [J]. 应用生态学报, 23 (6)：1585-1590.

卢科, 2017. 磷矿和磷肥中微量元素 Bi, Cd, Cr, Cu, Fe, Pb 及常量元素 Ca, P 的测定研究 [D]. 南宁：广西大学.

陆汉唐, 向焱赟, 张玉盛, 等, 2023. 氮肥运筹对水稻镉吸收转运影响的研究进展 [J]. 作物研究, 37 (1)：93-98.

吕光辉, 许超, 王辉, 等, 2018. 叶面喷施不同浓度锌对水稻锌镉积累的影响 [J]. 农业环境科学学报, 37 (7)：1521-1528.

吕选忠, 宫象雷, 唐勇, 2006. 叶面喷施锌或硒对生菜吸收镉的拮抗作用研究 [J]. 土壤学报 (5)：868-870.

彭秋, 李桃, 徐卫红, 等, 2019. 不同品种辣椒镉亚细胞分布和化学形态特征差异 [J]. 环境科学, 40 (7)：8.

区惠平, 刘昔辉, 黄金生, 等, 2014. 广西典型红壤旱地施用钙镁磷肥对玉米产量及其镉累积的影响 [J]. 生态学报, 34 (18)：5300-5305.

邵国胜, 陈铭学, 王丹英, 等, 2008. 稻米镉积累的铁肥调控 [J]. 中国科学,38(2):180-187.

孙翠平,李彦,张英鹏,等,2016.农田重金属钝化剂研究进展[J].山东农业科学,48(8):7.

索琳娜,刘宝存,赵同科,等,2016.北京市菜地土壤重金属现状分析与评价[J].农业工程学报,32(9):179-186.

索炎炎,2012.镉污染条件下叶面喷施锌肥对水稻锌镉积累的影响[D].杭州:浙江大学.

谭旭生,曾跃华,李智谋,等,2014.硒肥施用对稻米中镉等重金属含量的影响[J].中国稻米,20(1):76-77.

王敬国,1995.植物营养的土壤化学[M].北京:北京农业大学出版社.

王科,李浩,张成,等,2019.锰肥用量及施用方式对稻米镉含量的影响[J].四川农业科技(6):52-53.

王立新,郁建锋,张海芸,等,2009.硒对镉胁迫下豌豆幼苗生长发育的影响[J].安徽农业科学,37(24):11502-11504.

王朋超,孙约兵,徐应明,等,2016.施用磷肥对南方酸性红壤镉生物有效性及土壤酶活性影响[J].环境化学,35(1):150-158.

王腾飞,谭长银,曹雪莹,等,2017.长期施肥对土壤重金属积累和有效性的影响[J].农业环境科学学报,36(2):257-263.

王永强,蔡信德,肖立中,2009.多金属污染农田土壤固化/稳定化修复研究进展[J].南方农业学报,40(7):881-888.

魏玮,李平,郎漫,2021.不同结构改良剂对铜镉污染土壤水稻生长和重金属吸收的影响[J].环境科学,42(9):4462-4470.

吴传星,2010.不同玉米品种对重金属吸收累积特性研究[D].成都:四川农业大学.

吴迪,魏小娜,彭湃,等,2019.钝化剂对酸性高土壤钝化效果及水稻镉吸收的影响[J].土壤通报,50(2):482-488.

吴志超,2015.高低镉积累油菜品种筛选及其生化机制研究[D].武汉:华中农业大学.

夏运生,王凯荣,张格丽,2002.土壤镉生物毒性的影响因素研究进展[J].农业环境保护,21(3):272-275.

谢晓梅,廖敏,方至萍,等,2019.有机硅助剂协同对双季稻叶面喷施的氨基酸微量元素肥增效潜力初探[J].江西农业大学学报,41(4):641-648.

辛绢,2017.镉高、低积累萝卜基因型筛选及其镉积累差异机理研究

[D]. 武汉：华中农业大学.

熊建军,黄采文,曾勇,等,2021. 有机肥对水稻镉生物有效性的影响研究进展[J]. 湖南生态科学学报,8(4)：92-96.

熊礼明,1993. 施肥与植物的重金属吸收[J]. 农业环境保护,12(5)：217-222.

徐琴,王孟,谢义梅,等,2019. 施硒对水稻外观品质及籽粒硒、镉和砷含量的影响[J]. 中国农业科技导报,21(5)：135-140.

薛毅,尹泽润,盛浩,等,2020. 连续4a施有机肥降低紫泥田镉活性与稻米镉含量[J]. 环境科学,41(4)：1880-1887.

杨建军,王海廷,丁永峰,等,2020. 硒肥不同施用方法对水稻硒含量及产量的影响[J]. 现代农业科技(18)：6-7.

杨永杰,2016. 氮肥形态与用量对水稻镉积累和毒害的影响及调控机制研究[D]. 北京：中国农业科学院.

于冲冲,2021. 氮肥形态对小麦镉吸收转运及积累的影响[D]. 郑州：河南农业大学.

虞银江,廖海兵,陈文荣,等,2012. 水稻吸收、运输锌及其籽粒富集锌的机制[J]. 中国水稻科学,26(3)：365-372.

袁林,刘颖,兰玉书,等,2018. 不同玉米品种对镉吸收累积特性研究[J]. 四川农业大学学报,36(1)：22-27.

张春燕,胡海荣,杨青,等,2022. 不同农艺措施对稻谷镉含量的影响[J]. 中南农业科技,43(1)：91-95.

张海英,韩涛,田磊,等,2011. 草莓叶面施硒对其重金属和铅积累的影响[J]. 园艺学报,38(3)：409-416.

张建辉,王芳斌,汪霞丽,等,2015. 湖南稻米镉和土壤镉锌的关系分析[J]. 食品科学,36(22)：156-160.

张锦路,2022. 不同含磷钝化剂对镉污染农田土壤微生物群落的影响[D]. 南京：南京信息工程大学.

张敬锁,李花粉,衣纯真,等,1999. 有机酸对活化土壤中镉和小麦吸收镉的影响[J]. 土壤学报(1)：61-66.

张堃,2011. 两种叶菜镉、铅低积累品种筛选及其快速鉴别方法研究[D]. 广州：中山大学.

张良运,李恋卿,潘根兴,等,2009. 磷、锌肥处理对降低污染稻田水稻籽粒Cd含量的影响[J]. 生态环境学报,18(3)：909-913.

张璐,周鑫斌,苏婷婷,2017. 叶面施硒对水稻各生育期镉汞吸收的影响

[J]. 西南大学学报（自然科学版），39（7）：50-56.

张梅华，姜朵朵，于松，等，2017. 叶面肥对农作物阻镉效应机制研究进展 [J]. 大麦与谷类科学，34（3）：1-5.

张敏，程伟，王玉双，等，2020. 土壤调理剂对不同成土母质镉污染稻田的修复效果 [J]. 湖南农业科学（7）：5.

张思佳，2021. Cd 胁迫对高、低镉积累白菜生理生化特性及关键基因表达的影响 [D]. 哈尔滨：东北农业大学.

张燕，王宏航，黄奇娜，等，2022. 施肥调控水稻镉污染的研究与应用进展 [J]. 中国稻米，28（4）：6-11，18.

张玉盛，肖欢，敖和军，2019. 齐穗期施肥对水稻镉积累的影响 [J]. 中国稻米，25（3）：49-52.

赵海香，袁丁，贾艳霞，等，2011. 不同施肥方式对蔬菜富集铅特性的影响 [J]. 北方园艺（11）：8-11.

赵艳玲，2021. 磷肥抑制水稻镉吸收转运的作用机理研究 [D]. 北京：中国农业科学院.

赵园园，2019. 硒对镉胁迫下油菜生长及根部镉响应的调控 [D]. 武汉：华中农业大学.

仲维功，杨杰，陈志德，等，2006. 水稻品种及其器官对土壤重金属元素 Pb、Cd、Hg、As 积累的差异 [J]. 江苏农业学报（4）：331-338.

周世伟，徐明岗，2007. 磷酸盐修复重金属污染土壤的研究进展 [J]. 生态学报（7）：3043-3050.

周相玉，2012. 镁、锰、活性炭和石灰对土壤镉有效性及小麦吸收镉的影响 [D]. 成都：四川农业大学.

周鑫斌，于淑慧，谢德体，2015. pH 和三种阴离子对紫色土亚硒酸盐吸附—解吸的影响 [J]. 土壤学报，52（5）：1069-1077.

左东峰，1992. 盐渍土冬小麦叶面喷施硼、锌、铁肥优化配比及增产效应研究 [J]. 北京农业大学学报，3（3）：293-298.

ADILOGLU A, 2002. The effect of zinc (Zn) application on uptake of cadmium (Cd) in some cereal species [J]. Archives of Agronomy & Soil Science, 48 (6)：553-556.

ARTHUR E, CREWS H, MORGAN C, 2000. Optimizing plant genetic strategies for minimizing environmental contamination in the food chain [J]. International Journal of Phytoremediation, 2 (1)：1-21.

BASHIR S, SALAM A, CHHAJRO M A, et al., 2018. Comparative

efficiency of rice husk – derived biochar (RHB) and steel slag (SS) on cadmium (Cd) mobility and its uptake by Chinese cabbage in highly contaminated soil [J]. International Journal of Phytoremediation, 20 (12): 1221-1228.

CUI J, LIU T, LI Y, et al., 2018. Selenium reduces cadmium uptake into rice suspension cells by regulating the expression of lignin synthesis and cadmium-related genes [J]. Science of The Total Environment, 644 (10): 602-610.

DAI M, LIU J, LIU W, et al., 2017. Phosphorus effects on radial oxygen loss, root porosity and iron plaque in two mangrove seedlings under cadmium stress [J]. Marine Pollution Bulletin, 119 (1): 262-269.

DENG X, LIU K, LI M, et al., 2017. Difference of selenium uptake and distribution in the plant and selenium form in the grains of rice with foliar spray of selenite or selenate at different stages [J]. Field Crops Research, 211: 165-171.

DING Y Z, FENG R W, WANG R G, et al., 2014. A dual role of Se on Cd toxicity: evidence from plant growth, root morphology and responses of the antioxidative systems of paddy ice [J]. Plant and Soil, 375: 289-301.

ERIKSSON J E, 1990. Effects of nitrogen – containing fertilizers on solubility and plant uptake of cadmium [J]. Water, Air & Soil Pollution, 49 (3-4): 355-368.

FU X, DOU C, CHEN Y, et al., 2011. Subcellular distribution and chemical forms of cadmium in Phytolacca americana L. [J]. Journal of Hazardous Materials, 186 (1): 103-107.

HART J J, WELCH R M, NORVELL W A, et al., 2002. Transport interactions between cadmium and zinc in roots of bread and durum wheat seedlings [J]. Physiologia Plantarum, 116 (1): 73-78.

HERWIJNEN R V, HUTCHINGS T R, AL – TABBAA A, et al., 2007. Remediation of metal contaminated soil with mineral-amended composts [J]. Environmental Pollution, 150 (3): 347-354.

HONG C O, LEE D K, KIM P J, 2008. Feasibility of phosphate fertilizer to immobilize cadmium in a field [J]. Chemosphere, 70 (11): 2009-2015.

HUANG G, DING C, LI Y, et al., 2020. Selenium enhances iron plaque formation by elevating the radial oxygen loss of roots to reduce cadmium accumulation in rice (*Oryza sativa* L.) [J]. Journal of Hazardous Materials, 398: 122860.

JALLOH M A, CHEN J, ZHEN F, et al., 2009. Effect of different N fertilizer forms on antioxidant capacity and grain yield of rice growing under Cd stress [J]. Journal of Hazardous Materials, 162 (2-3): 1081-1085.

JZA B, CHEN Z A, BD C, et al., 2020. Soil and foliar applications of silicon and selenium effects on cadmium accumulation and plant growth by modulation of antioxidant system and Cd translocation: Comparison of soft vs. durum wheat varieties [J]. Journal of Hazardous Materials, 402.

KAMRAN M, MALIK Z, PARVEEN A, et al., 2019. Biochar alleviates Cd phytotoxicity by minimizing bioavailability and oxidative stress in pak choi (*Brassica chinensis* L.) cultivated in Cd-polluted soil [J]. Journal of Environmental Management, 250: 109500-109512.

KUNHIKRISHNAN A, SESHADRI B, MBENE K, et al., 2016. Phosphorus-cadmium interactions in paddy soils [J]. Geoderma: An International Journal of Soil Science, 270: 43-59.

LEE H H, OWENS V N, PARK S, et al., 2018. Adsorption and precipitation of cadmium affected by chemical form and addition rate of phosphate in soils having different levels of cadmium [J]. Chemosphere, 206: 369-375.

LEE T M, LAI H Y, CHEN Z S, 2004. Effect of chemical amendments on the concentration of cadmium and lead in long-term contaminated soils [J]. Chemosphere, 57 (10): 1459-1471.

LORENZ S E, HAMON R E, MCGRATH S P, et al., 2010. Applications of fertilizer cations affect cadmium and zinc concentrations in soil solutions and uptake by plants [J]. European Journal of Soil Science, 45: 1365-2389.

MAKINO T, LUO Y, WU L, et al., 2010. Heavy Metal Pollution of Soil and Risk Alleviation Methods Based on Soil Chemistry (International Symposium: Challenges to Soil Degradation Towards Sustaining Life and Environment, Tokyo Metropolitan University Symposium Series No. 2, 2009) [J]. ペドロジスト, 53 (3): 38-49.

PANKOVIC D, 2000. Effects of Nitrogen Nutrition on Photosynthesis in Cd-treated Sunflower Plants [J]. Annals of Botany, 86 (4): 841-847.

PENG W A, HC A, PMK B, et al., 2019. Cadmium contamination in agricultural soils of China and the impact on food safety [J]. Environmental Pollution, 249: 1038-1048.

QIN G, HUANG, YING M, et al., 2018. Selenium application alters soil cadmium bioavailability and reduces its accumulation in rice grown in Cd-contaminated soil [J]. Environmental Science & Pollution Research International.

QIU Q, WANG Y, YANG Z, et al., 2011. Effects of phosphorus supplied in soil on subcellular distribution and chemical forms of cadmium in two Chinese flowering cabbage (*Brassica parachinensis* L.) cultivars differing in cadmium accumulation [J]. Food and Chemical Toxicology, 49 (9): 2260-2267.

RAMESH S A, SHIN R, EIDE D J, et al., 2003. Differential metal selectivity and gene expression of two zinc transporters from rice [J]. Plant Physiology, 133 (1): 126-134.

RIAZ M, 2021. Cadmium uptake and translocation: synergetic roles of selenium and silicon in Cd detoxification for the production of low Cd crops: A critical review [J]. Chemosphere, 273.

RIZWAN M, ALI S, ADREES M, et al., 2016. Cadmium stress in rice: toxic effects, tolerance mechanisms, and management: a critical review [J]. Environmental Science & Pollution Research.

SAIFULLAH, JAVED H, NAEEM A, et al., 2016. Timing of foliar Zn application plays a vital role in minimizing Cd accumulation in wheat [J]. Environmental Science & Pollution Research Interna-tional, 23 (16): 16432-16439.

SCHÜTZENDÜBEL A, SCHWANZ P, TEICHMANN T, et al., 2001. Cadmium-induced changes in antioxidative systems, hydrogen peroxide content, and differentiation in Scots pine roots [J]. Plant Physiology, 127 (3): 887-898.

SESHADRI B, BOLAN N S, WIJESEKARA H, et al., 2016. Phosphorus-cadmium interactions in paddy soils [J]. Geoderma, 270: 43-59.

SIEBERS N, SIANGLIW M, TONGCUMPOU C, 2013. Cadmium uptake and subcellular distribution in rice plants as affected by phosphorus: Soil and hydroponic experiments [J]. Journal of Soil Science & Plant Nutrition,

13: 833-844.

TAKAHASHI R, ISHIMARU Y, SHIMO H, et al., 2012. The OsHMA2 transporter is involved in root-to-shoot translocation of Zn and Cd in rice [J]. Plant, Cell & Environment, 35 (11): 1948-1957.

WAN Y N, YU Y, WANG Q, et al., 2016. Cadmium uptake dynamics and translocation in rice seedling: Influence of different forms of selenium [J]. Ecotoxicology and Environmental Safety, 133: 127-134.

WANG F, WANG M, LIU Z, et al., 2015. Different responses of low grain-Cd-accumulating and high grain-Cd-accumulating rice cultivars to Cd stress [J]. Plant Physiology and Biochemistry, 96: 261-269.

YAN Y F, CHOI D H, KIM D S, et al., 2010. Absorption, translocation, and remobilization of cadmium supplied at different growth stages of rice [J]. Journal of Crop Science and Biotechnology, 13 (2): 113-119.

YATHAVAKILLA S, CARUSO J, 2007. A study of Se-Hg antagonism in Glycine max (soybean) roots by size exclusion and reversed phase HPLC-ICPMS [J]. Analytical and Bioanalytical Chemistry, 389 (3): 715-723.

YE X, MA Y, SUN B, 2012. Influence of soil type and genotype on Cd bioavailability and uptake by rice and implications for food safety [J]. Journal of Environmental Sciences (9): 1647-1654.

YI L, XU, HAI M, et al., 2018. Effects of long-term fertilization practices on heavy metal cadmium accumulation in the surface soil and rice plants of double-cropping rice system in Southern China [J]. Environmental Science and Pollution Research, 25 (20): 19836-19844.

Zgłobicki W, Lata L, Plak A, et al., 2011. Geochemical and statistical approach to evaluate background concentrations of Cd, Cu, Pb and Zn (case study: Eastern Poland) [J]. Environmental Earth Sciences, 62 (2): 347-355.

ZHANG L, SUN X Y, TIAN Y, et al., 2014. Biochar and humic acid amendments improve the quality of composted green waste as a growth medium for the ornamental plant Calathea insignis [J]. Scientia Horticulturae, 176: 70-78.

ZHAO Y, ZHANG S, WEN N, et al., 2017. Modeling uptake of cadmium from solution outside of root to cell wall of shoot in rice seedling [J]. Plant Growth Regulation, 82 (1): 11-20.

第七章　玉溪市铬污染耕地生产障碍修复技术模式

玉溪市土壤存在铬单一污染及镉、铬复合污染。铬污染耕地生产障碍治理修复技术主要有低积累作物技术、优化施肥技术和原位钝化技术，3种技术都是改变重金属铬在土壤中的存在状态，降低铬的有效性，使其由活化态转变为稳定态，减少铬从土壤向作物特别是可食用部分的转移。

第一节　低积累作物技术

低积累作物技术主要是利用基因型差异筛选能够较低限度吸收重金属铬的品种。

一、铬低积累作物调控机理

多数研究表明，植物中大部分铬积累在根部，并且铬在植物根细胞液泡中的固定是生物累积的主要原因（Helena et al.，2012）。铬进入根部后，迁移到地上部分的速度非常缓慢，这是铬优先滞留在根中的另一个原因（Helena et al.，2013）。植物吸收铬后，主要利用木质部进行迁移。当 Cr（Ⅵ）通过共质体穿过内皮层时，被还原为 Cr（Ⅲ）而滞留在根皮层细胞中。此外，有人提出，Cr（Ⅵ）向 Cr（Ⅲ）的转化也可以在植物的地上部分发生。

二、铬低积累作物品种

（一）铬低积累水稻

水稻的铬低积累品有春江糯6、嘉优08-1、川香优H11、甬优2640、隆晶优534、广8优粤禾丝苗、恒丰优粤禾丝苗、荃优822、甬优12、甬优1540，高积累品种有天优805、Ⅱ优904、甬优412（甬优17号）（Fangbin et al.，2014；白荣辉等，2021）。

（二）铬低积累小麦

小麦的铬低积累品种有山农 17、郑麦 103、温麦 19、矮抗 58、秋乐 168、秋乐 2122、豫保 1 号（雷高等，2020），高积累品种有百农 AK58（王彦苏等，2022）。

（三）铬低积累蔬菜

有研究发现十字花科类作物如菠菜能够吸收和转移高浓度的铬进入可食部分（Harminder et al., 2013）。黄勇等（2005）发现蔬菜中含铬量由大到小的顺序是：芥蓝>菜心>白菜>油麦菜>空心菜>瓜果类。段敏等（1999）测定了陕西省部分城市的 17 种蔬菜，发现蔬菜吸收铬的能力顺序为菜花>芹菜>空心菜>韭菜>生菜>豆角>莴笋>西葫芦>青菜>青椒>甘蓝>茄子>黄瓜>番茄>蒜薹、瓠子、茼蒿。蔡莎莎（2007）通过盆栽试验测得 7 种蔬菜对铬的吸收顺序为空心菜>芥蓝>小白菜>苋菜>心芥菜>青椒>番茄。孙宗全（2019）通过建立 BCF 数据库和预测模型，发现 10 种作物对铬的富集能力顺序为：芹菜>空心菜>苋菜>油麦菜>小白菜>油菜>菠菜>生菜>茼蒿>小麦。有研究发现，在温室条件下，尽管土壤溶液中铬的含量较低，但测得蔬菜中铬的浓度都超过了国家食品安全标准（0.5 mg/kg），这表明铬在温室蔬菜中具有很高的富集能力（Fan et al., 2017）。

三、玉溪市铬低积累作物筛选

（一）大春作物

玉溪市开展铬低积累作物筛选试验，选择的大春作物主要有辣椒、水稻、四季豆和玉米，大多是当地的主导品种，有一定的种植面积和规模。研究发现，其中铬富集系数最低的是水稻，仅为 0.000 1；最高的是玉米，铬富集系数达到 0.000 5。铬富集系数从低到高依次是水稻、四季豆、辣椒、玉米。详见图 7-1。

通过比较不同作物的铬富集系数，玉溪市在受铬污染耕地上的铬低积累大春作物包括水稻、四季豆和辣椒等。

（二）小春作物

玉溪市开展镉低积累作物筛选试验，选择的小春作物主要有菜豌豆、小麦、洋葱和油菜籽，大多是玉溪市小春季主要种植作物。其中铬富集系数最低的是菜豌豆，仅为 0.000 1；最高的是油菜籽，铬富集系数达到 0.001 2。铬富集系数从低到高依次是菜豌豆、洋葱、小麦、油菜籽。通过比较不同作物的铬

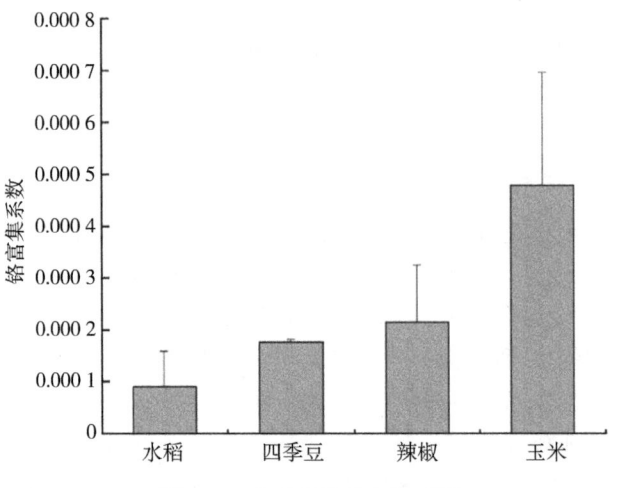

图 7-1　大春作物铬富集系数

富集系数，玉溪市在受铬污染耕地上的铬低积累小春作物包括菜豌豆、洋葱和小麦等（图 7-2）。

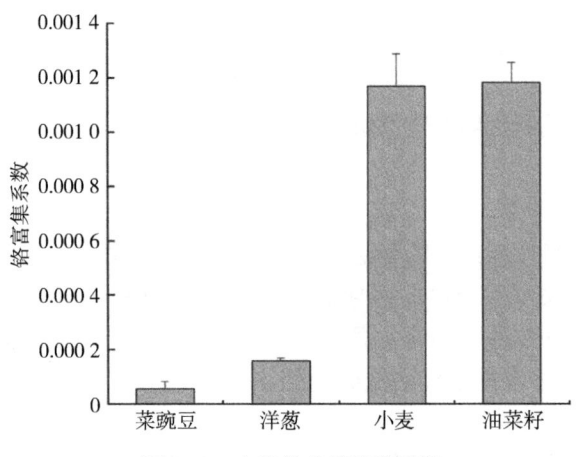

图 7-2　小春作物铬富集系数

第二节　优化施肥技术

施肥是满足作物生长所需养分的重要途径，同时可以对重金属活性产生较大影响。优化施肥是指根据土壤环境状况与种植作物特征，优化有机肥、化肥的种类与施用量。化肥的使用要结合当地耕作制度、气候、土壤、水利等情况，选择适宜的氮、磷、钾肥料品种，避免化学肥料活化重金属污染物。有机肥做基肥可配合深耕施用。

一、有机肥对作物铬吸收积累的调控与应用

化肥、有机肥的投入都可能造成表层土壤铬的富集，其中有机肥的投入富集现象更为显著，然而化肥与有机肥合理配施可以降低白菜中的铬含量（李顺江等，2015）。

施加有机肥能使 Cr（Ⅵ）还原成 Cr（Ⅲ），还能显著增加土壤中的有机物质，增加土壤阳离子交换量，有机肥中含有大量官能团，对铬能起到络合、螯合作用，降低重金属铬可交换态、碳酸盐结合态和铁锰氧化物结合态含量、提高有机结合态和残渣态含量，前三种形态意味着铬的生物有效性降低，后两者的减少可降低植物对铬的吸收，缓解铬对植物的伤害（刘叶等，2019）。土壤中腐殖质能将 Fe（Ⅲ）还原成 Fe（Ⅱ），当 pH 值在 4.2 左右时，有机质与 Fe（Ⅱ）结合可以使 Cr（Ⅵ）得到更好的还原（Powell et al.，1995）。也有学者认为，有机质单方面并不能明显地导致 Cr（Ⅵ）还原，需要通过催化土壤中 Fe^{3+}、Mn^{2+} 产生配合物，借此增强 Cr（Ⅵ）与自身的结合，才能将 Cr（Ⅵ）还原成 Cr（Ⅲ）（吴耀国等，2006）。

二、硒肥对作物铬吸收积累的调控与应用

植物对铬的吸收不仅取决于自身的吸收能力，且与铬在土壤中的迁移性息息相关，硒可以在土壤中与铬反应生成难溶性复合物 $Cr_2(SeO_3)_3$（Srivastava et al.，1998），还可以改变土壤理化性质，比如提高土壤 pH 值以增强重金属的难溶性等来降低铬的有效性，进而减少植物对铬的吸收。此外 Se（Ⅳ）可以与 Cr（Ⅳ）竞争硫酸盐转运通道（Jian et al.，2008），硒酸根离子和亚硒酸根离子与土壤中铬酸根离子存在竞争吸附点位的作用（蔡苗苗，2021）。在 Cr（Ⅲ）/Cr（Ⅵ）污染土壤上，植物对 Se 的吸收显著增强，且在 Cr（Ⅵ）污染土壤上 Se 吸收提升幅度更大。Se 可以缓解铬胁迫对多种植物的抑制作用，主要表现在以下几个方面：①重塑根系结构；②修复损伤的亚细胞超微结构；③增强植物光合作用；④增强重金属的螯合作用；⑤增强重金属的区室化作用；⑥增加抗氧化物质的合成以及提高抗氧化酶活性缓解氧化胁迫；⑦维持渗透调节物质及营养元素的平衡。

三、玉溪市优化施肥技术应用

本项目中作物主要选择四季豆、小麦、洋葱、水稻、玉米等。优化施肥技术措施对四季豆、小麦、洋葱、水稻、玉米等作物铬富集系数的影响见图7-3。从铬富集系数来看，在未采取措施的情况下，四季豆、小麦、洋葱、水稻、玉米的铬富集系数分别为0.000 2、0.001 2、0.000 2、0.000 7、0.000 1，采取优化施肥措施后四季豆、小麦、洋葱、水稻、玉米的铬富集系数为0.000 1、0.000 3、0.000 1、0.000 3、0.000 0，其铬富集系数分别下降26.71%、76.37%、27.77%、53.17%、44.04%，可以看出优化施肥对控制小麦铬富集的效果最明显，对控制四季豆Cr富集的效果最差。

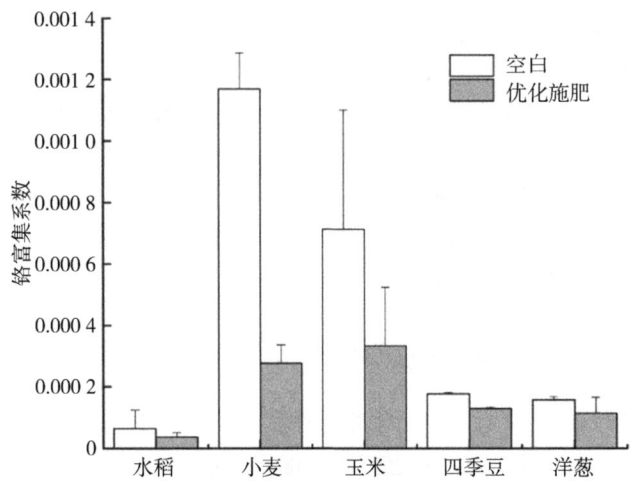

图7-3 优化施肥技术条件下种植作物的铬富集系数

第三节 原位钝化技术

土壤钝化调控是实现重金属污染农田安全种植的重要途径之一。钝化材料分为无机、有机及无机—有机复合材料。土壤钝化剂能够调节和改变土壤重金属的物理化学性质，使其产生沉淀、吸附、离子交换、氧化—还原等反应，降低其在土壤环境中的生物有效性和生物毒性。

第七章　玉溪市铬污染耕地生产障碍修复技术模式

一、钝化技术机理及特点

（一）土壤铬的赋存形态及迁移转化

土壤中的 Cr 主要为 Cr（Ⅵ）和 Cr（Ⅲ）两种价态存在（Hu，2016）。其他二价、四价和五价的铬化合物性质极其不稳定。土壤中 Cr（Ⅲ）常以离子形式吸附在固体的表面，或以形成离散的金属化合物沉淀，Cr（Ⅵ）常以 CrO_4^{2-}，$Cr_2O_7^{2-}$ 的形式游离在土壤溶液中。所以 Cr（Ⅵ）更容易经过土壤进入农作物而危害居民健康。当植物土壤环境中 Cr（Ⅵ）含量超标时，植物的生长和代谢会受到不同程度的抑制。研究表明，在灌溉实验中，当 Cr（Ⅵ）浓度超过 0.1 mg/kg 时，种子萌发率会随着 Cr（Ⅵ）浓度增加而降低，用 5 mg/kg 浓度的 Cr（Ⅵ）溶液灌溉小麦还会造成小麦的死亡（Adriano，1986）。两种价态的 Cr 会在氧化还原作用、吸附解吸作用和沉淀溶解作用下发生转化（刘晓娟，2019；容群，2018）。

（二）铬污染土壤的原位钝化修复技术

铬污染修复是指利用现有技术去除污染土壤中的铬，从而实现修复铬污染土壤的目的。治理铬污染土壤主要从两种思路出发（李银，2018）（曾榆植，2019）；①通过改变 Cr 在土壤中的价态降低其对土壤的毒害作用，即将高氧化性高活性的 Cr（Ⅵ）还原成低毒且稳定的 Cr（Ⅲ），减少了 Cr 在土壤环境的迁移，降低了 Cr 进入生物体的可能；②将 Cr 从铬污染壤中去除至其自然本底值。较于前者，该方法更加直接彻底，难度及成本也更高。目前铬污染土壤的修复方法主要有化学淋洗修复、化学还原法（Meegoda，2002）、固化稳定化、电动修复技术、微生物修复法（高月，2013）等方法。

1. 化学淋洗修复

化学淋洗法是指用流体洗涤污染土壤的方法。清洗的流体能够利用吸附、螯合和共沉淀等作用将土壤中的重金属转移到液相中，从而达到修复土壤的目的。淋洗剂的选择是化学淋洗中最重要的因素，目前主要的淋洗剂有无机酸、有机酸、表面活性剂和人工螯合剂等。化学淋洗法适用于高浓度的污染土壤，修复周期短，效率高，去除的污染物也便于收集利用（可欣，2004）。化学淋洗剂可以通过多种化学方法，将大部分 Cr（Ⅵ）在土壤中转换为 Cr（Ⅲ），将铬元素稳定在土壤中。铬污染土壤化学淋洗修复技术成功与否的关键是筛选出高效、经济、实用、环境友好的淋洗剂。目前常用的淋洗剂有无机酸（Yang，2008）、天然有机酸（Qin，2004）、人工合成螯合剂（Lukas，2005）、表面活性剂（Wang，2009）等。但是由于淋洗剂的特性，土壤性质，铬污染途径、程度、时间、存在形态等的差异，每种淋洗剂均有其应用的局限性。

化学淋洗适用于浓度高、渗透性好的土壤，具有铬去除效果好、工艺简单的优势，土壤淋洗剂选择是该修复技术的要点。化学淋洗修复技术的关键是挑选合适的淋洗剂。而在使用降解土壤中铬污染物溶度时，应选择生物降解性好且不易造成环境二次污染的环保清洗剂。常用的淋洗剂包括无机淋洗剂（许友泽，2010），螯合剂（王海豹，2014；李世业，2015），表面活性剂（Doke，2014）等。

2. 化学还原法

化学还原法是利用还原剂将污染物还原成迁移转化能力较低的形态，以达到修复土壤的目的。Seaman et al.（1999）用平原沉积物中的 Fe（Ⅱ）通过反应柱还原六价铬，取得了良好的处理效果。化学还原法由于操作简单，还原剂种类也较为多样，因此在一些修复项目中得到应用。但化学还原法也有一些缺点，例如它难以还原土壤颗粒内部的重金属，且还原过程中会与土壤中其他物质发生反应造成还原剂的浪费。

化学还原修复技术一般利用铁屑、硫酸亚铁等化学还原剂（也可以辅以一定的黏合剂），直接加入到土壤中，或者采用"可渗透氧化还原反应墙"的形式（Blowes，1997）。目前开展的研究中可渗透氧化还原反应墙一般使用填充满具有还原性的药剂小柱来模拟，然后将铬污染溶液倒入，使其流经小柱，从而考察铬污染物的还原效果以及产物的情况。化学还原法成本较低，可大规模应用。但实施过程中未做防渗处理容易引起铬的二次污染，具有潜在的威胁。

3. 固化稳定化

固化稳定化包含固化和稳定化两个方面。固化是指通过往污染土壤中添加水泥之类的物质，使土壤结合成大块状或颗粒状，包裹土壤中的重金属，从而降低土壤中重金属的风险。稳定化是指在污染土壤中添加稳定剂，通过稳定剂与土壤重金属的氧化还原、吸附、络合、沉淀等方式，降低重金属在土壤中的迁移性。Allan et al.（1995）利用改性硅酸盐水泥固化处理铬污染土壤，使得初始浓度为 1 000 mg/kg 的土壤浸出液铬含量低于 5.0 mg/L，固化稳定化技术适用于污染浓度高、面积小的污染场地。该方法操作简单、修复周期短且成本低，但固化稳定化没有从根本上去除土壤中的重金属，仍存在潜在的生态环境风险，需要修复之后持续的防护和监测。

稳定化固化修复技术主要用于处理铬矿冶炼后留下的铬渣，处理后的铬渣可作为建筑材料使用。该修复技术成熟，可以降低场地污染土壤的治理成本。稳定化固化适用范围较广、修复周期短但需要对处理后土壤作长期的检测。

4. 电动修复技术

电动修复技术是一种具有良好应用前景的土壤原位修复技术，可以有效去除土壤中的重金属且总体费用较低（Palma，2015）。其基本原理是在两端加上直流电场，利用电场的迁移力，将铬迁移到阴极室（三价铬）或阳极室（六价铬），从而得到分离。在直流电场的作用下，电极周围立生的 OH^- 和 H^+ 通过电迁移、电渗析等方式分别向另一端电极迁移，直到两者相遇发生中和反应。添加增强剂，也可以显著地促进六价铬、铜等金属离子在电场中的迁移与去除（樊广萍，2015）。

电动修复技术具有耗费人工少，成本低，接触有毒有害物质少，经济效益高等优点，并且适用于低渗透性土壤，对于高浓度污染物的修复效果较高，但其工程量过大，费用昂贵，处理之后土壤的组成会发生改变。

5. 微生物修复法

微生物修复是利用土壤中的特定微生物对铬重金属产生吸附络合、还原、沉淀等作用，从而改变铬的价态和赋存形态。微生物的铬污染的解毒机理主要分为微生物吸附和微生物还原（Pratush，2018；张敏，2020）。微生物吸附是指微生物通过静电吸附、离子交换、表面官能团螯合等作用吸附 Cr 的过程。微生物吸附常见于铬污染水体的治理。微生物还原主要分为间接还原和直接还原。直接还原是借助细胞膜上或细胞质中的还原酶在厌氧或好氧条件下催化还原 Cr（Ⅵ）。间接还原的微生物自身未直接参与还原，而通过其代谢产物还原 Cr（Ⅵ）的过程，通常与硫酸盐还原菌和铁还原菌生成的 S^+ 和 Fe^{2+} 有关（Pradhan，2017）。

微生物修复在铬污染土壤修复方面应用得较为广泛，异化型铁还原菌和硫酸盐还原菌他们产生的代谢产物 Fe^{2+} 和 S^{2-} 均能还原六价铬（瞿建国，2005；Van Nooten，2007）。微生物修复法适用于低浓度重金属污染壤，其操作简单、成本低，但由于微生物活性受温度、水分、氧气、pH 值等环境因素影响较大，因此在实际应用中存在许多不可控的因素会影响最终修复效果（邓红艳，2012）。

微生物修复适用于大面积、中低污染浓度的土壤，具有成本效益高对环境影响小的优势，同时也存在治理时间长、对土壤环境要求高问题。

二、原位钝化技术应用

（一）钝化剂在水稻上的应用

水稻作为我国最重要的粮食作物，其播种面积约占全国粮食作物总面积的

1/4，产量接近全国粮食总产量的 1/2，因而稻田安全、稻米品质与人民身体健康有着直接关系。稻田重金属污染不仅导致水稻生长受阻，产量下降，更为严重的是有毒重金属在稻米中大量累积，并通过食物链传递，对人和动物的生命和健康构成严重威胁（顾继光，2005）。因此对稻田重金属污染修复技术的研究显得尤为重要。目前针对铬污染水稻种植的常用无机钝化剂有碳酸钙、硅酸钙、硅酸镁等碱性物质及磷矿粉、磷酸氢钙、人工合成的羟磷灰石等磷酸盐化合物、沸石、凹凸棒石、铁锰氧化物等环境矿物。有机改良剂包括厩肥、绿肥、作物秸秆、泥炭等有机物质。

磷酸盐进入土壤后可通过与重金属离子发生离子交换、吸附、络合和沉淀等作用，降低土壤中有效态重金属的含量（Ma，1994）。此外，磷酸盐被土壤胶体吸附后，可增加土壤表面的负电荷，使重金属离子不断以静电吸附的方式被固定在土壤颗粒周围，从而降低其移动性。

有机物中的$-SH^-$、$-NH_2$等基团及腐殖质中的胡敏酸和胡敏素等都能与土壤中的重金属离子发生络合反应，生成难溶的络合物或螯合物。土壤中的溶解态有机质可与土壤黏粒、氧化物形成颗粒有机物或有机膜而表现出大的表面和高度的活性，可更有效的络合重金属离子，有机物还可以通过影响土壤的其他基本性状，对重金属离子产生间接固定作用。

常用的例如使用麦秆、油菜秆等有机物质与磷酸钙等无机物质混合作为钝化剂，在铬污染土壤中种植水稻时，不仅改善了土壤 pH 值，降低了土壤中有效铬的含量，还显著提高了土壤碱解氮和速效磷的含量，显著降低了在水稻各生育期各部位与籽粒中的铬含量（张青松，2010）。而通过添加沸石、氢氧化钙等无机物质，能够增加土壤残留态铬，降低水稻对铬的吸收（Castaldi，2005）。

(二) 钝化剂在蔬菜上的应用

我国是蔬菜大国，蔬菜产量居世界第一。而不同的蔬菜品种对重金属的累积效应也不尽相同，叶菜类的富集最强，根茎类蔬菜次之，瓜果类富集效应最小。不同蔬菜对重金属吸收的量不同，与其遗传特征、形态特征以及生理学特征不同有关（丁玉娟，2012）。目前用于蔬菜的原位钝化剂主要有生物炭、蒙脱石等天然含水黏土矿物、生物肥料等。

生物炭可以显著降低蔬菜尤其是叶菜类蔬菜中的铬含量（郭茹，2018），通过提高土壤静电吸附能力，进而作用于重金属的迁移转化（王宁，2012）。改善土壤质量（Leon，1990），提高土壤中的有机质，改善土壤中养分的循环，提高有益菌种群数目（Fitz，2002）和减少有毒的离子对作物的毒害，从而有益于作物生长（Norra，2005）。但如若施加生物炭过多，可能会使蔬菜产量不增反减（郭茹，2018），可能是因为生物炭的施用提高了土壤中有机质，使土壤更肥沃，但是施用大量的生物炭对土壤肥力的提升可能超过了作物吸收极限（Uchimiya，2011）。生物炭还能有效提高蔬菜品质，体现于叶菜类蔬菜叶绿素和还原性糖含量显著增加，硝酸盐含量显著降低（卜晓莉，2014）。

以蒙脱石为主要成分的天然含水黏土矿物可被称为膨润土，蒙脱石的特殊结构使其具有强的吸水性、膨胀性、黏结性、吸附性等、高表面积、孔径直径和离子交换容量等性质（刘旦，2016），是一种含水层状硅铝酸盐矿物，另外，膨润土中还有一些动、植物生长所必需的微量及常量元素。以上的特殊性质，使膨润土可以较好地改良和修复土壤，可以提高土壤的养分状况、提高肥料的利用率。对比其他的土壤改良剂，膨润土原料较为普遍、成本较低，施用后也不会对土壤产生二次污染。随着在土壤中的存在时间的增加，膨润土可以成为土壤无机矿物的一部分。

生物肥是一种市场中的生物菌肥，含有大量的对土壤及植物有益的土壤微生物。提高土壤肥力是生物肥作为土壤改良剂的主要作用。此外生物肥料不仅对于作物的生长有促进作用，而且对于农产品的品质也有改善作用（王进，2013）。生物肥中最早研发的产品是根瘤菌剂，在全世界范围内已经得到普遍应用，根瘤菌的接种对于大豆类种植具有十分重要的意义。我国也相继推出了联合固氮菌肥、PGPR制剂和有机物料腐熟剂等，它们在可持续农业的发展、肥料施用量的减少、农作物废弃物及城市垃圾腐熟的促进和开发利用等方面都有十分重要的意义（王粉莲，2010）。

（三）钝化剂在果园土壤上的应用

我国是水果的第一生产大国，但出口贸易总额在世界水果中所占份额很小，且出售价格较低，其主要原因之一是农药残留和重金属等有害元素的超标严重影响了果品的品质。在国内市场中，随着经济的发展及人们生活水平的提高，无公害食品和绿色食品越来越受到人们的关注和喜爱（刘连馥，1998）。果品产区的土壤环境质量将直接关系到果品安全生产，是产业发展的基础与保障（程红艳等，2004）。果园土壤环境质量直接影响果树的生长、结实、寿命以及果品品质，土壤中重金属含量已成为绿色食品产地环监测中的一项重要指标。当土壤中重金属积累到一定程度时，就会对果园土壤形成污染，进而影响作物根和叶的生长发育导致酶活下降，造成作物减产，并积累在作物的可食部位，再通过食物链进入人体，对人类健康造成危害。目前使用的降低果园中铬污染土壤的主要钝化剂是有机肥、有机酸、生物炭等有机物质和活性炭等无机物质。

有机肥是指以动植物的废弃物、植物残渣或生物物质为原材料经过加工，消除其有害物质，施用于土壤，为植株提供营养的含碳物质。有研究发现，由于有机肥中存在大量的官能团和较大的比表面积，可促进重金属离子以硫化物沉淀的形式存在，同时有机肥中的腐殖酸可与重金属离子形成络合物或螯合物，从而降低土壤中的有效性（张连忠等，2005）。

黄腐酸是一种天然高分子有机酸，是存在于有机肥中的活性成分，具有分子量小、活性基因高等特点。而黄腐酸钾肥是指在现代技术的作用下将无机钾同黄腐酸有机融合在一起而生产出的新型肥料，同时具有化肥和有机肥的共同属性。黄腐酸钾中具有大量的腐植酸，能与土壤中的重金属离子形成络合物，以降低重金属活性，还可提高土壤对重金属的缓冲性，抑制植物对重金属的吸收，减缓胁迫的属毒害作用。

生物炭是秸、禽畜类质等农林废弃物在缺氧或无氧条件下低温裂解制备的富炭固体。生物炭所具有的物理化学性质使它可以作为污染土壤的一种修复改良剂，通过吸附、沉淀、络合等一系列反应降低污染元素的生物可利用性和移动性，达到污染土壤的原位修复目的。

活性炭是由含碳物质制成一类微晶质碳，外观呈黑色、内部空隙较为发达、比表面积大。在实际生产中，活性炭钝化处理显著降低了重金属的毒害，减少了对Cd的吸收和转运植株根系、高度、叶面积以及干重等与对照相比明显增加，从而促进了植株的生长。

三、原位钝化技术在玉溪市的应用

本项目的实施效果主要以富集系数为指标，富集系数=作物中的重金属含量/土壤中的重金属含量，它在一定程度上反映了重金属在土壤—植物系统中迁移的难易程度，富集系数越低，农作物吸收重金属的能力越弱。农作物中重金属含量评价标准为《食品安全国家标准食品中污染物限量》（GB 2762—2017），土壤中重金属含量评价标准为《土壤环境质量农用地土壤污染风险管控标准（试行）》（GB 15618—2018）。

玉溪市涉及铬污染的示范区种植的作物主要有水稻、小麦、洋葱、玉米。原位钝化对农作物富集系数的影响见图7-4。从富集系数来看，空白对照条件下水稻、小麦、洋葱、玉米的铬富集系数依次为0.000 1、0.001 2、0.000 2、0.000 7，原位钝化后水稻、小麦、洋葱、玉米的铬富集系数依次为0.000 1、0.000 8、0.000 1、0.000 2，原位钝化后水稻、小麦、洋葱、玉米的铬富集系数分别下降27.17%、35.57%、53.77%、65.08%，原位钝化对控制玉米铬富集的效果最明显，对控制水稻铬富集的效果最差。

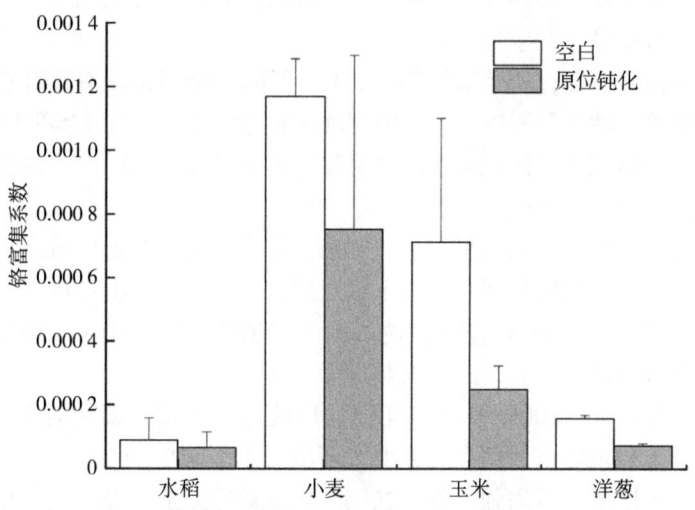

图 7-4　原位钝化对铬富集系数的影响

参考文献

白荣辉，2021.8 个水稻品种对土壤重金属的富集特性初探 [J]．中国农技推广，37 (6)：81-84.

卜晓莉，薛建辉，2014. 生物炭对土壤生境及植物生长影响的研究进展 [J]．生态环境学报，23 (3)：535-540.

蔡苗苗，2021. 硒对铬污染土壤上小白菜生长与铬吸收的调节及其根际过程研究 [D]．武汉：华中农业大学．

蔡莎莎，2007. 不同作物对重金属吸收累积特征及胁迫响应的研究 [D]．广州：暨南大学．

曾榆植，邓红艳，李文斌，等，2019. 铬污染土壤修复技术研究进展探析 [J]．环境与发展，31 (3)：47-49.

程红艳，谢英荷，冯两蕊，等，2004. 晋中市主要果品生产基地土壤环境质量评价分级 [J]．山西农业大学学报，24 (2)：139-142.

邓红艳，陈刚才，2012. 铬污染土壤的微生物修复技术研究进展 [J]．地球与环境，40 (3)：466-472.

丁玉娟，林昌虎，何腾兵，等，2012. 蔬菜重金属污染现状及研究进展 [J]．贵州科学 (5)：78-83.

段敏,马往校,1999. 17种蔬菜中铅铬镉元素含量分析研究 [J]. 干旱区资源与环境 (4): 74-80.

樊广萍,朱海燕,郝秀珍,等,2015. 不同的增强试剂对重金属污染场地土壤的电动修复影响 [J]. 中国环境科学, 35 (5): 1458-1465.

高月,2013. 铬污染土壤植物稳定化技术研究. 环境科学科技创新导报, 4 (4): 166-169.

顾继光,林秋奇,周启星,等,2005. 土壤—植物系统中重金属污染的治理途径及其研究展望 [J]. 土壤通报, 36 (1): 391-395.

郭茹,洪坚平,2018. 不同生物炭配施腐植酸对铬污染土壤中油菜品质及铬含量的影响 [J]. 山西农业科学, 46 (3): 5.

黄勇,郭庆荣,2005. 珠江三角洲典型地区蔬菜重金属污染现状研究: 以中山市和东莞市为例 [J]. 生态环境 (4): 559-561.

可欣,李培军,巩宗强,等,2004. 重金属污染土壤修复技术中有关淋洗剂的研究进展 [J]. 生态学杂志 (5): 145-149.

李世业,成杰民,2015. 化工厂遗留地铬污染土壤化学淋洗修复研究 [J]. 土壤学报, 52 (4): 869-878.

李顺江,李鹏,李新荣,等,2015. 不同肥源、施氮量对土壤-作物系统中铬、镉含量的影响 [J]. 农业资源与环境学报, 32 (3): 235-241.

李银,2018. 浅析铬污染土壤的修复技术 [J]. 科技创新导报, 15 (19): 128-130, 132.

李智鸣,2016. 不同花生品种对铬的吸收差异及调控措施研究 [D]. 广州: 华南农业大学.

刘旦,平成君,肖磊,等,2016. 有机改性膨润土用于含铬废水处理和铬污染土壤修复的探究 [J]. 无机盐工业, 48 (5): 35-39.

刘连馥,1998. 绿色食品导论 [M]. 北京: 企业管理出版社.

刘晓娟,2019. 土壤中铬的迁移转化规律及硒铬互作研究 [D]. 太原: 山西大学.

刘叶,2019. 有机肥影响六价铬污染土壤微生物群落结构和缓解对红苋菜毒害的机理研究 [D]. 湛江: 广东海洋大学.

刘亦博,成杰民,2018. 电化学联合H_2O_2氧化淋洗修复典型化工厂遗留地铬污染土壤 [J]. 环境工程学报, 12 (7): 2066-2074.

瞿建国,申如香,徐伯兴,等,2005. 硫酸盐还原菌还原Cr (Ⅵ) 的初步研究 [J]. 华东师范大学学报 (自然科学版) (1): 105-110.

容群,罗栋源,边鹏洋,等,2018. 土壤中铬的迁移转化研究进展

[J]. 四川环境, 37 (2): 156-160.

孙宗全, 2019. 不同作物对铬的吸收差异及应用研究 [D]. 济南: 济南大学.

王粉莲, 苏利民, 王萍, 等, 2010. 生物肥料在国内外的研究现状 [J]. 内蒙古农业科技, 12 (16): 74-75.

王海豹, 李曼, 戴利, 等, 2014. 铬渣污染土壤的淋洗法修复 [J]. 齐鲁工业大学学报, 28 (4): 59-63.

王进, 2013. 利用复合微生物菌剂制备生物有机肥及其对作物生长影响的研究 [D]. 青岛: 中国海洋大学.

王宁, 2012. 生物炭对复合污染土壤植物修复效果的影响研究 [D]. 济南: 山东大学.

王彦苏, 李士伟, 于学臻, 等, 2022. 小麦对土壤铬富集和转运的品种差异性研究 [J]. 农业环境科学学报, 41 (1): 19-27.

吴耀国, 惠林, 2006. 溶解性有机物对土壤中重金属迁移性影响的化学机制 [J]. 中国化学会第八届水处理化学大会暨学术研讨会论文集: 82-87.

许友泽, 成应向, 向仁军, 2010. 铬污染土壤修复技术研究进展 [J]. 化学工程与装备, (5): 127-129.

张连忠, 路克国, 王宏伟, 等, 2005. 重金属和生物有机肥对苹果根区土壤微生物的影响 [J]. 水土保持学报, 19 (2): 92-95.

张敏, 范春, 赵苒, 2020. 微生物修复环境铬污染机制的研究进展 [J]. 吉林大学学报 (医学版), 46 (6): 1338-1344.

张青松, 2010. 改良剂对水稻植株锌铬积累及养分吸收的影响 [D]. 成都: 四川农业大学.

ADRIANO D C, 1986. Trace Elements in Terrestrial Environments [J]. Quarterly Review of Biology, 32 (1): 374.

ALLAN M L, KUKACKA L E, 1995. Blast furnace slag-inodified grouts for in situ stabilization of chromium-contaminated soil [J]. Waste Management, 15 (3): 193-202.

BLOWES D W, PTACEK C J, JAMBOR J L, 1997. In-Situ Remediation of Cr (Ⅵ) -Contaminated Groundwater Using Permeable Reactive walls: laboratory studies [J]. Environmental Science and Technology, 31 (12): 3348-3357.

CASTALDI P, SANTONA L, MELIS P, 2005. Heavy metal immobilization by chemical amendments in a polluted soil and influence on white lupin growth [J]. Chemosphere, 60 (3): 365-371.

DOKE S M, YADAV G D, 2014. Process Efficacy and Novelty of Titania Membrane Prepared by Polymeric Sol-Gel Method in Removal of Chromium (Ⅵ) by Surfactant Enhanced microfiltration [J]. Chemical Engineering Journal, 255: 483-491.

FAN Y, LI H, XUE Z, et al., 2017. Accumulation characteristics and potential risk of heavy metals in soil-vegetable system under greenhouse cultivation condition in Northern China [J]. Ecological Engineering, 102: 367-373.

FANG B, CAO, RUN F, et al. Genotypic and environmental variation in cadmium, chromium, lead and copper in rice and approaches for reducing the accumulation [J]. Science of The Total Environment, 2014.

FITZ W J, 2002. Arsenic transformations in the soil rhizosphere-plant system [J]. Journal of Biotechnology, 99 (3) 259-278.

GAO Y, 2013. Study on stable technology of polluted soil chromium plant [J]. Science and Technology Innovation Herald, 4 (4): 166-169 (In Chinese).

HAYAT S, KHALIQUE G, IRFAN M, et al., 2012. Physiological changes induced by chromium stress in plants: an overview [J]. Protoplasma, 249 (3): 599-611.

Helena O, 2012. Chromium as an Environmental Pollutant: Insights on Induced Plant Toxicity [J]. Journal of Botany, 2012 (2012): 1-8.

HU L G, CAI Y, JIANG G B, 2016. Occurrence and speciation of polymeric chromium (Ⅲ), monomeric chromium (Ⅲ) and chromium (Ⅵ) in environmental samples [J]. Chemosphere (156): 14-20.

HU Y, QUAN X J, WANG W N, 2004. The treatment of pollution of chromium dregs and the present situation of its use [J]. Journal of Chongqing Institute of Technology, 18 (5): 42-44 (In Chinese).

JIAN F M, YAMAJI N, MITANI N, et al., 2008. Transporters of arsenite in rice and their role in arsenic accumulation in rice grain [J]. Proceedings of the National Academy of Sciences of the United States of America, 105 (29): 9931-9935.

LEON E, DE LA HABA P, MALDONADO J M, 1990. Changes in the levels of enzymes involved in ammonia assimilation during the development of phaseolus vulgaris seedlings [J]. Effects of Exogenous Ammonia Physiol Plant, 80: 20-26.

LUKAS H, SUSAN T, RAINER S, et al., 2005. Column extraction of heavy metals from soils using biodegradable chelating agent EDDS [J]. Environmental Science & Technology, 39 (17): 6819-6824.

MA Q Y, TRAINA S J, LOGAN T J, et al., 1994. Effects of aqueous Al, Cd, Cu, Fe (Ⅱ), Ni and Zn on Pb immobilization by hydroxylapatite [J]. Environmental Science and Technology, 28 (7): 1219-1228.

MEEGODA J N, EZELDIN A S, FANG H Y, et al., 2003. Waste immobilization technologies [J]. Practice Periodical of Hazardous, Toxic, and Radioactive Waste Management, 7 (1): 46-58.

NORRA S, BERNER Z A, AGARWALA P, et al., 2005. Impact of irrigation with As rich groundwater on soil and crops [J]. Applied Geochemistry, 20 (10): 1890-1906.

PALMA L D, GUEYE M T, PETRUCCI E, 2015. Hexavalent Chromium Reduction in Contaminated Soil: A Comparison Between Ferrous Sulphate and Nanoscale Zero – Valent Iron [J]. Journal of Hazardous Materials, 281: 70-76.

PLUGARU S, ORBAN M, SARB A, et al., 2013. Chromium: toxicity and tolerance in plants [J]. Environmental Chemistry Letters, 11 (3): 229-254.

POWELL R M, PULS R W, HIGHTOWER S K, et al., 1995. Coupled Iron Corrosion and Chromate Reduction: Mechanisms for Subsurface Remediation [J]. Environmental Science & Technology, 29 (8): 1913-1922.

PRADHAN D, SUKLA L B, SAWYER M, et al., 2017. Recent bioreduction of hexavalent chromium in wastewater treatment, A review [J]. Journal of Industrial and Engineering Chemistry (55), 1-20.

PRATUSH A, KUMAR A, HU Z, 2018. Adverse effects of heavy metals (As, Pb, Hg, and Cr) on health and their bioremediation strategies: A review [J]. International Microbiology, 21 (3): 97-106.

QIN F, SHAN X Q, WEI B, 2004. Effects of low-molecular-weight organic acids and residence time on desorption of Cu, Cd, and Pb from soils [J]. Chemosphere, 57 (4): 253-263.

SEAMAN J C, BERTSCH P M, SCHWALLIE L, 1999. In Situ Cr (Ⅵ) Reduction within Coarse-Textured. Oxide-Coated Soil and Aquifer Systems Using Fe (Ⅱ) Solutions [J]. Environmental Science &Technology, 33 (6): 938-944.

SRIVASTAVA S, SHRIVASTAV R, DAS S, et al., 1998. Effect of selenium supplementation on the uptake and translocation of chromium by spinach (Spinacea oleracea) [J]. Bulletin of Environmental Contamination and Toxicology (5): 60.

UCHIMIYA M, WARTELLE L H, KLASSON K T, et al., 2011. Influence of Pyrolysis Temperature on Biochar Property and Function as a Heavy Metal Sorbent in Soil [J]. Journal of Agricultural and Food Chemistry, 59 (6): 2501-2510.

VAN NOOTEN T, LIEBEN F, DRIES J, et al., 2007. Impact of Microbial Activities on the Mineralogy and Performance of Column-Scale Permeable Reactive Iron Barriers Operated under Two Different Redox Conditions [J]. Environmental Science & Technology, 41 (16): 5724-5730.

WANG S L, MULLIGAN C N, 2009. Rhamnolipid biosurfactant-enhanced soil flushing for the removal of arsenic and heavy metals from mine tailings [J]. Process Biochemistry, 44: 296-301.

YANG Z H, CHAI L Y, WANG Y Y, 2008. Selective leaching of chromium-containing slag by HCl [J]. Journal of Central South University of Technology, 15 (2): 824-829.

ZHAO X Q, MITANI N, YAMAJI N, et al., 2010. Involvement of silicon influx transporter OsNIP2; 1 in selenite uptake in rice [J]. Plant Physiology, 153 (4): 1871-1877.

第八章 玉溪市铅污染耕地生产障碍修复技术模式

铅污染也是较为常见的耕地污染生产障碍。目前玉溪市耕地污染生产障碍存在铅污染的情况，铅污染耕地生产障碍治理修复技术运用较为广泛，包括物理、化学、生物治理模式，在农业领域主要采用低积累作物技术、叶面调控、优化施肥、原位钝化、石灰调节等农艺措施，降低农作物体内铅的富集。

第一节 低积累作物技术

不同种作物、同一作物的不同品种间对铅的积累水平存在差异，筛选低积累作物品种实现作物的安全生产已经成为当前研究的热点之一。目前，筛选对铅低积累的作物品种，使可食用部位铅含量达到安全生产标准，降低铅向作物的迁移性，已经被大众所认可。该方法可以在合理利用有限土壤资源的情况下，保证粮食的安全生产，同时也能为联合稳定修复等其他技术修复土壤提供种质资源。

一、铅低积累作物品种

近年来，国内外学者对同一作物的不同品种对铅积累的机理进行了积极的探讨（廖柳芳等，2011），种内产生的差异性采用单个生理指标难以反映，只有通过对多个指标的整合分析才能表现出来。

（一）铅低积累蔬菜作物

蔬菜作物的不同品种可食用部分对铅的吸收积累存在显著差异，研究表明，24个长豇豆品种在铅超标的农田中所收获的果实中，铅的含量品种间差异达4.2倍，各品种铅含量达极显著差异，其中丰产8号油青的果实铅含量最低（朱云等，2007）。13种小白菜基因型在温室以125 $\mu mol/L$ 铅离子胁迫培育8 d后表明不同基因型小白菜茎叶和根系累积铅离子能力的差异达极显著水平（王松良等，2005）。38个大白菜品种之间地上可食部分铅含量均存在显著差异，且两季节结果基本相同，其中半青黄的茎叶铅含量最低（井彩巧，2006）。铅低积累水菠菜品种地上部铅的含量一直低于铅非低积累水菠菜品种，且铅低积累水菠菜品种具有稳定性（Xin et al.，2010）。

（二）铅低积累粮食作物

不同类型水稻品种、不同器官中铅的积累量存在明显差异，稻谷和精米中均以常规籼稻的积累量最多，常规粳稻积累量最少，杂交稻介于两者之间（陈志德等，2009）。对21种不同基因型稻米之间对铅的富集量研究发现存在遗传差异，这种差异体现在稻米的同一部位和不同部位之间铅含量的差异上；不同基因型稻米中铅的富集量均通过颖壳和糊粉层调控，不同基因型稻米不同部位之间对铅富集的相互调控能力存在差异，并且基因型间的这种差异存在非线性的变化规律（Chen at al.，2008）。在铅超标的土壤中对60个水稻品种进行试验并检测糙米中的铅含量，发现金早6号和宁粳216是低吸收铅的品种，且不同皮色水稻品种对铅吸收能力有差异，表现为红米>黑米>白米，而土壤环境三级质量标准的稻田已基本不适宜种植水稻（江川等，2019）。

水稻的铅低积累品种有广8优粤禾丝苗，铅高积累品种有恒丰优粤禾丝苗、荃优822、甬优1540、隆晶优534和甬优2640（白荣辉，2021）。玉米的铅低积累品种有灵丹20、正丹958和高优1号（郭晓方等，2010）。

低浓度铅胁迫对荞麦根的生长表现出一定的促进作用；随着铅浓度的升高，根系生长受到抑制程度加重，但不同品种之间有差异，其中以西荞1号抑制最为严重，九江苦荞比较轻微，晋荞1号处于二者之间。在高浓度铅处理下（1 500 μmol/L），不同荞麦品种的质膜相对透性均对比对照有不同程度上升；而叶绿素a、叶绿素b以及总叶绿素含量均有不同程度下降，植株可溶性蛋白质含量均低于对照。所测试的3个荞麦品种的耐铅性存在明显差异，其中以九江苦荞耐铅能力最强，西荞1号最差（刘拥海等，2006）。

（三）铅低积累经济作物

大豆在不同铅处理下的豆中铅含量差异显著（$P<0.05$），表明筛选铅低积累大豆品种的实现可行性，然而大豆是对铅具有较高抗性的作物品种，低浓度镉（1.0 mg/kg）处理的大豆中，74%的大豆供试品种的株高高于对照，并且所有供试品种的生物量都明显（$P<0.05$）高于对照，因此农民无法简单通过株高，产量等直观地判断其是否积累了大量铅，筛选和培养铅低积累大豆品种以减低铅对人类健康的潜在风险是现实必要的（智扬，2015）。

二、玉溪市铅低积累作物筛选

玉溪市种植制度习惯上分大春和小春作物种植，大春作物指的是春夏季种植的作物，生长季一般在 5—9 月，主要包括水稻、玉米、薯类、大豆和小杂粮。小春是指相对于大春而言，第一年 10 月至翌年 4 月左右，主要包括小麦、蚕豆、豌豆、冬季栽培的玉米等。根据不同作物间对于重金属的吸收存在差异，以富集系数为筛选指标（富集系数=作物中的重金属含量/土壤中的重金属含量），进行玉溪市镉低积累作物筛选，富集系数越低，农作物吸收重金属的能力越弱。

（一）铅低积累大春作物筛选

玉溪市开展铅积累作物筛选试验，选择的大春作物主要有芹菜、青蒜苗、四季豆、香菜和玉米 5 种，为当地的主导品种，有一定的种植面积和规模。研究结果表明芹菜的铅富集系数最低，仅为 0.000 5；铅富集系数最高的是玉米，富集系数达到 0.002 8。铅富集系数从低到高依次是芹菜、香菜、四季豆、青蒜苗、玉米，详见图 8-1。

通过比较不同作物的铅富集系数，玉溪市在受铅污染耕地上的铅低积累大春作物包括芹菜、香菜、四季豆和青蒜苗等。

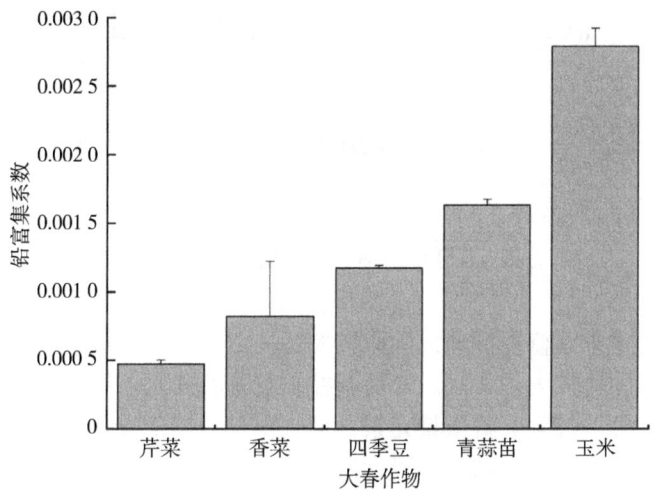

图 8-1　大春作物铅富集系数

（二）铅低积累小春作物筛选

玉溪市开展铅积累作物筛选试验，选择的小春作物主要有花椰菜、菜豌豆、蚕豆、四季豆、西蓝花和籽用油菜6种，大多是玉溪市小春季主要种植作物。结果表明，铅富集系数最低的是西蓝花，样品中未检出铅（<0.001 mg/kg）；铅富集系数最高的是籽用油菜，达到0.003 5。铅富集系数从低到高依次是西蓝花、花椰菜、菜豌豆、蚕豆、四季豆、籽用油菜，详见图8-2。

通过比较不同作物的铅富集系数，玉溪市在受铅污染耕地上的铅低积累小春作物包括西蓝花、花椰菜、菜豌豆和蚕豆等。

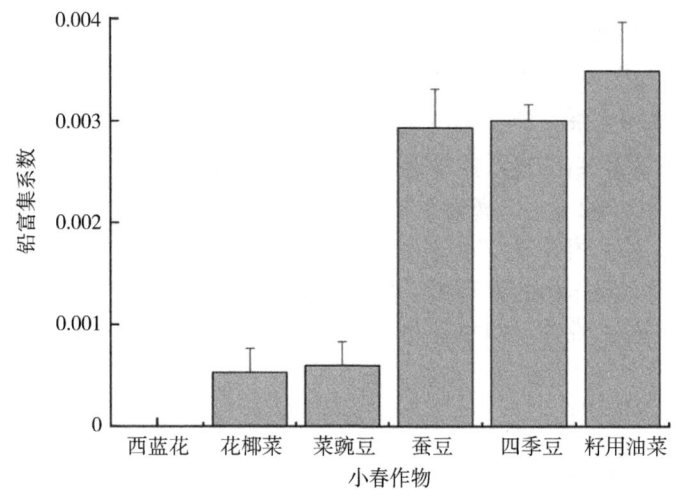

图8-2 小春作物铅富集系数

第二节 叶面调控技术

针对铅污染土壤修复治理，叶面调控是一种成本低、操作方便、环境友好的阻控铅进入作物体内的方法。叶面调控主要是在作物不同生长阶段，通过向叶面喷施硅、硒、锌等有益微量元素，抑制根部对铅的吸收以及铅向可食部分转运，从而降低作物可食部分的铅含量，进而保障农产品质量安全。

一、叶面调控作用机理

叶面调控对作物铅吸收的调控主要表现在两方面：调节作物生理代谢，增强耐铅能力和在作物体内与铅发生反应,阻止铅向细胞质和籽粒等关键部位转移,以降低危害。叶面喷施的阻控剂可以通过角质层或外质连丝进入叶片表皮细胞,被叶片深部的栅栏细胞吸收,还有一小部分可通过气孔直接进入叶片细胞,再由叶片转移到韧皮部,参与作物体内养分代谢(Chen et al., 2018)。有研究表明,大气沉降是小麦籽粒铅的主要来源,大气颗粒物负载的铅可通过气孔、表皮缝隙、胞间连丝以及水通道等形式被叶片吸收(赵多勇,2012),喷施叶面阻控剂后,叶片上的营养元素可通过竞争吸收作用有效抑制叶片对铅的吸收以及向籽粒的转运。

目前对叶面调控措施影响铅污染土壤的研究比较多,叶面阻控剂主要选用可溶性硅、锌、硒等原料,根据作物种类、土壤中有效态硅或锌的含量优化组合,对作物吸收铅均能起到一定的抑制作用。

硅能够减轻作物铅毒害、抑制作物对铅的吸收积累。其机理可能是叶面吸收的硅输送到根系,增强了根系细胞壁对铅的固定效果,进而抑制了铅从根系往秸秆和籽粒中转运,同时,叶面喷施硅肥可能通过降低植株蒸腾速率进而降低了铅的迁移(Liang et al., 2007)。

硒与铅表现为拮抗关系,它能将铅从植物代谢活跃的细胞点位上移除,或通过清除与细胞膜完整性密切相关的膜脂过氧化产物丙二醛保护膜系统的完整度,从而减少对铅离子的吸收和积累(Filek et al., 2008)。

锌和铅的化学性质相似,均能以二价阳离子的形式被作物吸收,锌可以通过竞争离子通道和载体蛋白来抑制铅的吸收与转运。

二、粮食作物叶面调控技术应用

对于水稻、小麦等粮食作物,叶面调控技术的应用取得了良好的效果。汤海涛等(2013)研究发现叶面喷施硒肥($N \geq 10\%$、$P_2O_5 \geq 3\%$、$K_2O \geq 2\%$、$Zn \geq 0.2\%$、$Se = 0.2\% \sim 0.3\%$)能增加水稻结实率和千粒重,且能使稻谷中铅含量降低16.05%。王世华等(2007)在铅污染土壤中种植水稻,在3个生长期(苗期、分蘖期、抽穗期)内进行叶面喷施硅,结果表明,籽粒中铅的吸收系数和积累量显著降低。Liao et al.(2016)研究发现对水稻进行叶面喷施硅,可以有效的降低了水稻籽粒对铅的累积。Asgharipour et al.(2012)提出用叶面喷施矿质元素锌能促进小麦生长,降低小麦对铅吸收。

三、蔬菜叶面调控技术应用

施用叶面阻控剂能降低蔬菜中铅的含量。不同蔬菜降低幅度不同,降低幅度在10%~62%（赵海香等，2011），其中甘蓝和白萝卜降低最为明显，分别为62.34%和43.36%。施用的叶面肥中含有微量元素 Cu、Mn、Zn、B 和 Mo 以及大量元素 N、P、K，这些元素会通过叶面渗透等作用被蔬菜叶片吸收，增加叶片中营养物质的含量，所以对于从根部运输的营养需求就相对减少，而蔬菜中的铅主要来源于土壤，并通过根系吸收而转移到蔬菜的可食部分，所以会降低蔬菜中铅含量；另外由于微量元素和氮磷等营养元素通过叶面进入叶片组织细胞，增加了细胞液中盐浓度，也进一步抑制了根部及叶片对土壤和空气中金属离子的吸收，降低对铅等金属离子的富集。孙硕等（2020）研究发现锌和黄腐酸钾组合叶面喷剂显著阻隔白甜瓜对铅的吸收。施用叶面肥可以提高作物中营养的转化，增加作物的干物质重，进而降低作物体内铅含量，同时细胞内有机物质的变化，可以影响细胞对铅的吸收和转化。

四、叶面调控技术在玉溪市的应用

玉溪市耕地重金属污染生产障碍存在铅污染。针对玉溪市铅污染土壤，在玉溪市峨山县、江川区选择146.55亩耕地开展叶面调控技术示范。试验作物主要是玉米、油菜和蔬菜，选用的叶面阻控剂种类为硒类叶面阻控剂，叶面阻控剂每亩用量为500 mL，选用人工喷施和无人机喷施。喷施时间选在晴朗无风且温度不高的时候，使喷施的叶面阻控剂能够在叶面充分停留并被农作物吸收。叶面阻控剂的详细信息见表8-1。为评估叶面阻控剂的试验效果，以作物的富集系数为指标，评估叶面阻控剂在不同作物上的应用效果。

表8-1 叶面阻控剂的详细信息

项目	依据	标准要求	实测结果
pH 值	NY/T 1973—2010	7.0~9.0	8.86
密度（g/cm^3）	NY/T 887—2010	>1.05	1.20
硅（g/L）	NY/T 1972—2010	≥100	148
水不溶物（g/L）	NY/T 1973—2010	≤10	1.68
汞（mg/kg）	NY/T 1978—2010	≤5	未检出（检出限为0.003）
砷（mg/kg）	NY/T 1978—2010	≤10	0.04
镉（mg/kg）	NY/T 1978—2010	≤10	未检出（检出限为0.05）
铅（mg/kg）	NY/T 1978—2010	≤50	未检出（检出限为0.5）
铬（mg/kg）	NY/T 1978—2010	≤50	未检出（检出限为0.5）
钠（g/L）	NY/T 1972—2010	≤10	6.05
硫（g/L）	NY/T 1117—2010	≤10	0.06

为评估叶面调控技术对作物铅积累的效果，采用富集指数作为量化评价指标。喷施叶面阻控剂可以抑制重金属铅在玉米、油菜、蔬菜等作物体内的迁移和累积。玉溪市耕地铅污染生产障碍治理修复试验结果表明，喷施硒类叶面阻控剂抑制水稻、小麦、玉米等粮食作物的效果存在差异，

涉及铅污染的示范区种植的作物主要有花椰菜、青蒜苗、四季豆、玉米、籽用油菜。叶面调控对作物铅富集系数的影响见图 8-3，可以看出在未采取技术措施的情况下，花椰菜、青蒜苗、四季豆、玉米、籽用油菜的铅富集系数依次为 0.000 5、0.001 6、0.002 1、0.002 8、0.003 5，采取叶面调控措施后花椰菜、青蒜苗、四季豆、玉米、籽用油菜的铅富集系数依次为 0.000 3、0.000 7、0.000 3、0.001 2、0.002 2，铅富集系数分别下降 40.75%、57.90%、83.67%、55.45%、38.18%，结果表明叶面调控对降低作物吸收铅有较为明显的效果，其中对控制四季豆铅富集的效果最明显，对控制油菜籽铅富集的效果最差。

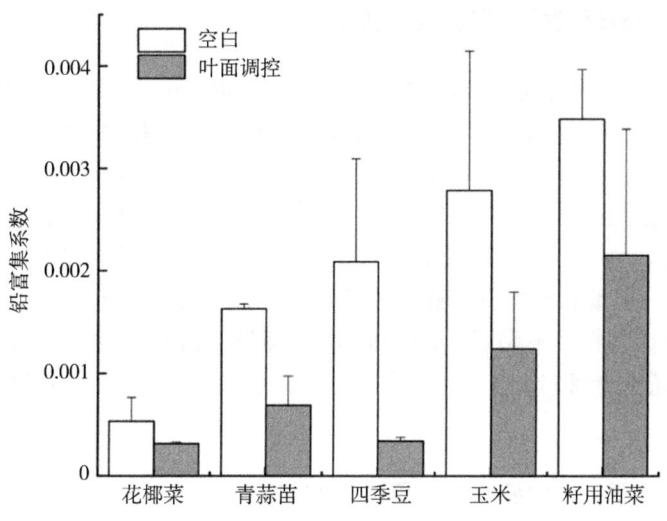

图 8-3 叶面调控对作物铅富集系数的影响

第三节　优化施肥技术

施肥可以影响土壤对铅的吸附解吸，改变土壤铅的形态，进而改变铅在土壤中的活性，影响植物吸收累积。铅在土壤中的迁移行为、转化行为和对生物的有效性均与其在土壤中的形态直接相关，只有溶出的离子态铅才能被植物直

接吸收与积累；交换态铅是生物有效性铅，流动性高，易被植物利用；碳酸盐结合态铅在环境条件变化时也容易被释放进入水环境中，铁锰氧化物结合态铅主要被土壤铁锰氧化物吸附固定，只有在土壤的氧化还原电位发生改变时才能释放，生物有效性相对较低，有机结合态铅不易被吸收，而残渣态铅主要结合在土壤硅铝酸盐等矿物晶格中，在正常情况下难以释放且不易被植物吸收，生物有效性极低，几乎对生物无效（粟银等，2008）。

一、氮肥对作物铅吸收积累的调控与应用

有研究显示施用尿素（200 mg N/kg）能显著降低红壤中铅的水溶交换态含量，并增加碳酸盐结合态和铁锰氧化物结合态的量，这有可能是因为施用尿素使土壤 pH 值上升了 0.02~0.53 个单位，施用 KH_2PO_4（80 mg P/kg）能降低酸性土壤中铅的水溶性、可交换态、碳酸盐结合态的量（Tu et al.，2000）。

二、钾肥对作物铅吸收积累的调控与应用

不同浓度（100 mg/kg 土，200 mg/kg 土，400 mg/kg 土）的钾肥（KCl、KNO_3、K_2SO_4、KH_2PO_4）均能使黄棕壤和赤红壤中的有效态铅含量有所下降，其中 200 mg/kg 土和 400 mg/kg 土 K_2SO_4 比对照分别降低 11.72%、12.27%，100 mg/kg 土、200 mg/kg 土和 400 mg/kg 土 KH_2PO_4 比对照分别降低 15.50%、23.07%和 34.41%，且三者之间差异显著；KH_2PO_4 的效果较为显著；然而 KCl 积累到一定量时会促进植株对铅的吸收，KNO_3、K_2SO_4 在常规施用量下抑制植株吸收铅的作用不明显，KH_2PO_4 能显著降低植株吸收铅，这可能是由于 KH_2PO_4 促进铅向稳定态转变，同时土壤 pH 值也有一定的升高（刘平，2006）。

三、有机肥对作物铅吸收积累的调控与应用

有机肥因其种类多样，成分复杂，因此对土壤铅活性及其在土壤—植物系统中迁移的影响比较复杂。在含铅污染的紫色土壤中施用有机肥对土壤有效铅含量影响的研究中发现：5 种有机肥（果壳有机肥、猪厩有机肥、污泥有机肥、腐殖土肥、蚯蚓粪有机肥）处理均能降低土壤有效铅的含量，各有机肥都表现出对土壤铅有效性的抑制作用，且随着污染程度越深效果越显著，5 种有机肥对土壤有效铅的抑制作用顺序大小为：污泥有机肥>猪厩有机肥>腐殖土肥>蚯蚓粪有机肥>果壳有机肥。添加猪粪、鸡粪、牛粪有机肥均可促进可交换态和碳酸盐结合态铅含量减少，铁锰氧化物结合态、有机硫化物结合态、

残渣态含量提高（童方平等，2014）。

四、玉溪市优化施肥技术应用

在玉溪市耕地铅污染生产障碍修复利用项目中，优化施肥技术主要采用增施有机肥，调整化肥品种，每亩增施有机肥 150 kg，改用钙镁磷肥。以富集系数（富集系数=作物中的重金属含量/土壤中的重金属含量）为评价指标，评价优化施肥技术措施的实施效果。

本项目中主要选择青蒜苗、四季豆、籽用油菜、玉米等主导作物，优化施肥技术措施对青蒜苗、四季豆、籽用油菜、玉米等作物铅富集系数的影响见图 8-4。从铅富集系数来看，在未采取优化施肥技术措施的情况下，青蒜苗、四季豆、籽用油菜、玉米的铅富集系数依次为 0.001 6、0.003 0、0.003 5、0.002 8，采取优化施肥措施后青蒜苗、四季豆、玉米的铅富集系数依次为 0.000 9、0.000 8、0.002 2，分别下降 41.95%、74.37%、22.01%。由此可以看出，优化施肥措施对控制籽用油菜铅富集的效果最明显，对控制玉米铅富集的效果最差。

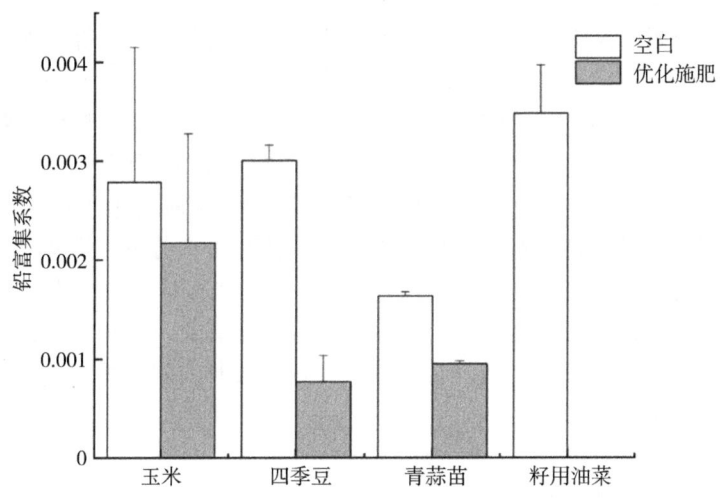

图 8-4 优化施肥条件下种植作物的铅富集系数

第四节 原位钝化技术

土壤重金属污染治理需要从农业可持续发展等方向入手，利用原位钝化修复技术，即向土壤中加入稳定剂，使得土壤中的重金属与钝化剂结合形成一种稳定的固体，从而阻断重金属进入作物的途径，达到提高作物品质的效果。

一、钝化剂种类

目前技术较为成熟的原位钝化剂种类有腐殖酸类、磷酸盐类、生物炭等。

腐植酸中含有的活性官能团可以很好地固定铅，同时又有沃土作用而备受关注（Plaz，2015；Jinsung，2015）。通过研究表明，腐植酸中含有丰富的H，能够降低土壤pH值，显著提高铅的迁移率并影响铅的存在形态。在土壤表面，腐植酸溶解的可溶性基团与铅共沉淀，铁氧化物结合态和有机结合态铅含量升高，碳酸盐结合态铅含量降低（Liu，2019）；腐植酸钾中还含有负电性的活性基团，增加土壤表面电荷量，以此增强土壤对铅离子的静电吸附，有效降低土壤液相中铅离子含量（Kautenburger，2014）。

磷酸盐也常用来修复铅污染土壤，它可以利用静电作用吸附铅离子，其中磷酸根与铅形成沉淀，两者后期作用主要发生在孔径内界面（Plaz，2015），在此过程中污染物铅的总量没有变化，主要是转化铅在土壤和植物中的形态，进而以降低有效性和毒害性为主要目标。

生物炭是近年来新兴的一种新型高效土壤改良材料，由废弃生物质高温缺氧热解而成，含碳丰富，不仅可增加农田土壤碳汇，提高土壤肥力，同时由于其具有疏松多孔结构、独特的表面特性及化学性质，还对重金属污染物有着良好的吸附能力，可显著影响重金属污染物的迁移性及其生物可利用度（Khana，2020）。生物质原料及热解温度显著影响生物炭化产物的产率和灰分、碳、氮磷、钾、钙含量，酸性、碱性官能团数量，芳香化结构孔隙度及比表面积等理化性质（Demirbas，2004）。另外，生物炭对土壤污染物的吸附行为及钝化效果不仅与目标污染物自身的性质及类型有关，而且与目标土壤中生长的不同植物根系生长模式及其对目标污染物的吸收、累积能力也有一定的关系（Beesley，2001）。

二、原位钝化技术应用

（一）蔬菜上原位钝化技术应用

黄连喜等（2020）使用花生壳、水稻壳、小麦壳、椰壳等制成生物炭，用于改善铅污染土壤中菜心、生菜、油麦菜的种植，结果表明生物炭的施加均可不同程度提升土壤pH值、土壤有机碳含量及阳离子交换量（CEC），显著降低土壤有效态铅及蔬菜可使用部位的铅含量。且生物炭粒径越小对土壤有效态铅含量的降低、蔬菜生长的促进及蔬菜铅累积量的降低作用越显著。桑忠营（2009）在研究发现竹炭对土壤及水中的 Pb^{2+} 具有极强的吸附能力，在 pH 值 6~7 时，效果最好。同时竹炭也改善了土壤中的微生物活性，有助于增强土壤透水性与通气性，能够帮助种植蔬菜的正常生长。

（二）水稻上原位钝化技术应用

硅是水稻生长不可或缺的微量元素，能够促进水稻的生长发育，提高水稻光合作用，同时众多研究成果和生产实践也表明硅肥在抑制水稻重金属吸收作用显著，同时能提高稻米品质（黄秋婵等，2008）。张宇鹏等（2020）研究发现无机硅肥土壤调剂在将土壤中铅固定于土壤中的同时阻隔了水稻根系对铅下吸收，使得水稻根、茎、叶、稻壳、稻米中铅的含量显著降低，并且水稻产量也有了一定的增长。施用钾硅土壤调理剂显著降低了水稻茎、叶和籽粒中铅的含量（贾倩等，2015）。硅肥土壤调理剂能够降低水稻中重金属含量，主要可能是由于土壤调理剂能够增大作物根际 pH 值，增加植物根际氧化还原能力，改变重金属离子形态；硅与一些重金属离子形成不易被植物吸收的新物质而被固定的同时，水稻吸收的硅也能改善水稻的抗逆性。

也可使用含磷修复材料降低土壤中铅的活性，目前常用的含磷钝化剂有无机磷肥、磷灰石族矿物、骨粉和无机磷酸盐等（周世伟，2007）。含磷材料经磷酸盐处理后，可以将土壤中各种形态的铅转化为稳定的磷酸铅。徐露露（2014）使用磷灰石显著降低了水稻籽粒中的铅含量。含磷材料一般施用于酸性土壤中，然而加入过量可溶性磷可能会引起磷的流失，引起水体的富营养化。很多以往的研究表明，在土壤中大量施磷会诱导作物缺锌，影响作物产量。而且磷材料中可能含有其他的重金属（如过磷酸钙等），又被引入到土壤中，造成新的重金属污染，所以使用前应对其中重金属含量进行分析。

三、玉溪市原位钝化技术应用

富集系数（作物中的重金属含量/土壤中的重金属含量）在一定程度上反映重金属在土壤—作物系统中迁移的难易程度，富集系数越低，农作物吸收重金属的能力越弱。在玉溪市耕地生产障碍修复利用项目的研究发现，采用原位钝化技术可以降低农作物的重金属富集系数。

玉溪市种植的作物主要有蚕豆、花椰菜、青蒜苗、玉米等，原位钝化对作物铅富集系数的影响见图 8-5。未采用原位钝化技术的空白对照条件下，蚕豆、花椰菜、青蒜苗、玉米的铅富集系数依次为 0.002 9、0.000 5、0.001 6、0.002 8，采用原位钝化技术后，蚕豆、花椰菜、青蒜苗、玉米的铅富集系数依次为 0.000 8、0.000 5、0.001 0、0.001 0，分别下降了 73.62%、6.67%、38.38%、64.92%。结果表明，原位钝化对控制蚕豆铅富集的效果最明显，对控制花椰菜铅富集的效果最差。

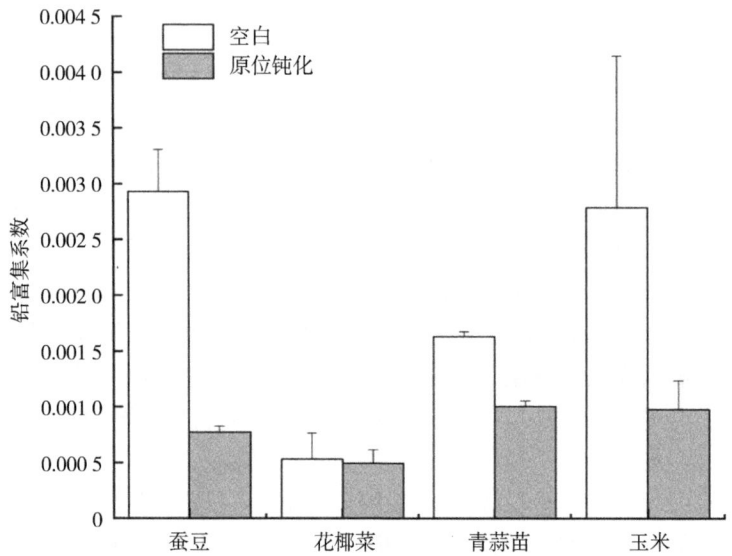

图 8-5　原位钝化对铅富集系数的影响

参考文献

白荣辉，2021. 8 个水稻品种对土壤重金属的富集特性初探 [J]. 中国农技推广，37（6）：81-84.

陈雅丽，翁莉萍，马杰，等，2019. 近十年中国土壤重金属污染源解析研究进展 [J]. 农业环境科学学报，38（10）：2219-2238.

陈志德，仲维功，王军，等，2009. 胁迫和对照条件下水稻品种铅积累的差异 [J]. 农业环境科学学报，28（5）：967-971.

崔岩山，王鹏飞，琚宜文，2018. 纳米材料在土壤重金属污染修复中的应用 [J]. 地球科学—中国地质大学学报，43（5）：1737-1745.

杜彩艳，木霖，王红华，等，2016. 不同钝化剂及其组合对玉米（Zea mays）生长和吸收 Pb Cd As Zn 影响研究 [J]. 农业环境科学学报，35（8）：1515-1522.

杜彩艳, 段宗颜, 曾民, 等, 2015. 田间条件下不同组配钝化剂对玉米 (*Zea mays*) 吸收 Cd、As 和 Pb 影响研究 [J]. 生态环境学报, 24 (10): 1731-1738.

郭晓方, 卫泽斌, 丘锦荣, 等, 2010. 玉米对重金属累积与转运的品种间差异 [J]. 生态与农村环境学报, 26 (4): 367-371.

黄连喜, 魏岚, 刘晓文, 等, 2020. 生物炭对土壤—植物体系中铅镉迁移累积的影响 [J]. 农业环境科学学报, 39 (10): 2205-2216.

黄秋婵, 韦友欢, 农克良, 等, 2008. 硅对镉胁迫下水稻幼苗营养器官外部形态与镉累积量的影响 [J]. 江苏农业科学 (5): 20-23.

江川, 朱业宝, 陈立喆, 等, 2019. 不同基因型水稻糙米对镉、铅的吸收特性 [J]. 福建农业学报, 34 (5): 509-515.

井彩巧, 2006. 不同基因型大白菜镉和铅含量差异研究 [J]. 园艺学报 (2): 402-404.

廖柳芳, 许超, 廖育林, 等, 2011. 铅低积累作物及其低积累的生理机制研究进展 [J]. 湖南农业科学 (23): 42-44.

刘平, 2006. 钾肥伴随阴离子对土壤铅和镉有效性的影响及其机制 [D]. 北京: 中国农业科学院.

刘拥海, 俞乐, 陈奕斌, 等, 2006. 不同荞麦品种对铅胁迫的耐性差异 [J]. 生态学杂志 (11): 1344-1347.

路轲, 宋正国, 2020. 喷施不同纳米材料对水稻幼苗磷含量的影响 [J]. 农业环境科学学报, 39 (1): 28-36.

桑忠营, 2009. 外源竹炭对土壤中草甘膦、铅的吸附及微生物活性的影响 [D]. 合肥: 安徽农业大学.

粟银, 袁兴中, 曾光明, 等, 2008. 土壤—植物系统中铅的迁移转化影响因素研究进展 [J]. 安徽农业科学 (16): 6953-6955.

孙硕, 赵会薇, 石学萍, 等, 2020. 组合叶面喷剂对设施果蔬重金属累积的影响 [J]. 北方园艺 (9): 61-66.

汤海涛, 李卫东, 孙玉桃, 等, 2013. 不同叶面肥对轻度重金属污染稻田水稻重金属积累调控效果研究 [J]. 湖南农业科学 (1): 40-44.

童方平, 李贵, 刘振华, 2014. 有机肥料对铅污染土壤铅形态及生物有效性影响研究 [J]. 中国农学通报, 30 (8): 162-166.

王世华, 罗群胜, 刘传平, 等, 2007. 叶面施硅对水稻籽实重金属积累的抑制效应 [J]. 生态环境, 16 (3): 875-878.

王松良, 郑金贵, 2005. 13 种小白菜基因型对 Cd、Pb、As 累积特性比较

[J]. 福建农业大学学报（3）：304-308.

徐持平，周卫军，徐庆国，2018. 复配钝化剂对污染土壤中铅具有良好的稳定效果 [J]. 基因组学与应用生物学，37（6）：2443-2450.

徐露露，2014. 钝化剂对镉和铅污染土壤水稻修复的研究 [D]. 合肥：安徽农业大学.

杨晓泉，卞华伟，1999. 食品毒理学 [M]，北京：中国轻工业出版社.

袁兴超，李博，朱仁凤，等，2019. 不同钝化剂对铅锌矿区周边农田镉铅污染钝化修复研究 [J]. 农业环境科学学报，38（4）：807-817.

张翠翠，常介田，赵鹏，2013. 叶面施硒对西瓜镉和铅积累的影响 [J]. 华北农学报，28（3）：159-163.

张宇鹏，谭笑潇，陈晓远，等，2020. 无机硅叶面肥及土壤调理剂对水稻铅、镉吸收的影响 [J]. 生态环境学报，29（2）：388-393.

赵多勇，魏益民，魏帅，等，2012. 小麦籽粒铅污染来源的同位素解析研究 [J]. 农业工程学报，28（8）：258-262.

赵海香，袁丁，贾艳霞，等，2011. 不同施肥方式对蔬菜富集铅特性的影响 [J]. 北方园艺，(11)：8-11.

赵占军，赵晓梅，杨淑英，等，2013. 基质施硒对生菜富硒效果及品质的影响 [J]. 山西农业科学，41（1）：57-59.

智杨，2015. 大豆品种间镉铅低积累性与品质差异性的评估与相关性 [D]. 沈阳：东北大学.

周世伟，徐明岗，2007. 磷酸盐修复重金属污染土壤的研究进展 [J]. 生态学报，27（7）：3043-3050.

朱云，杨中艺，2007. 生长在铅锌矿废水污灌区的长豇豆组织中 Pb、Zn、Cd 含量的品种间差异 [J]. 生态学报（4）：1376-1385.

BEESLEY L, MORENO-JIMNEZ E, GOMEZ-EYLES J L, et al., 2011. A review of biochar potential role in the remediation, revegetation and restoration of contaminated soils [J]. Environmental Pollution, 159 (12): 3269-3282.

CHEN G, SUN G R, LIU A P, et al., 2008. Lead enrichment in different genotypes of rice grains [J]. Food and Chemical Toxicology, 46 (3): 1152-1156.

CHEN R, ZHANG C, ZHAO Y, et al., 2018. Foliar application with nano-silicon reduced cadmium accumulation in grains by inhibiting cadmium translocation in rice plants [J]. Environmental Science and Pollution

Research, 25 (3): 2361-2368.

CHENG H, HU Y Y, 2010. Lead (Pb) isotopic fingerprinting and its applications in lead pollution studies in China: A review [J]. Environmental Pollution, 158 (5): 1134-1146.

DEMIRBAS A, 2004. Effects of temperature and particle size on bio-char yield from pyrolysis of agricultural residues [J]. Journal of Analytical and Applied Pyrolysis, 72 (2): 243-248.

DING Y, WANG Y, ZHENG X, et al., 2017. Effects of foliar dressing of selenite and silicate alone or combined with different soil ameliorants on the accumulation of As and Cd and antioxidant system in Brassica campestris [J]. Ecoloxicology and Environmental safety, 142, 207-215.

FILEK M, KESKINEN R, HARTIKAINEN H, et al., 2008. The protective role of selenium in rape seedlings subjected to cadmium stress [J]. Journal of Plant Physiology, 165 (8): 833-844.

JINSUNG A, EUN H J, KYOUNGPHILE N, 2015. Effect of dissolved humic acid on the Pb bioavailability in soil solution and its consequence on ecological risk [J]. Journal of Hazardous Materials, 286: 236-241.

KAUTENBURGER R, HEIN C, SANDERJ M, et al., 2014. Influence of metal loading and humic acid functional groups on the complexation behavior of trivalent lanthanides analyzed by CE-ICP-MS [J]. Analytica Chimica Acta, 816: 50-59.

KHANA A Z, KHANA S, KHAN M A, et al., 2020. Biochar reduced the uptake of toxic heavy metals and their associated health risk via rice (*Oryza sativa* L.) grown in Cr-Mn mine contaminated soils [J]. Environmental Technology & Innovation, 17 (2): 100-590.

LIANG Y C, SUN W C, ZHU Y G, et al., 2007. Mechanisms of silicon-mediated alleviation of abiotic stresses in higher plants: A review [J]. Environmental Pollution, 147: 422-428.

LIAO G, WU Q, FENG R, et al., 2016. Eficiency evaluation forremediating paddy soil contaminated with cadmium and arsenic using water management, variety screening and foliage dressing technologies [J]. Journal of Environmental Management, 170.

LIU S, CHEN W, WANG J, et al., 2019. Analysis of Lead forms and transition in agricultural soil by nano-fluorescence method [J]. Journal of Hazardous Materials, 121469.

MAO J S, LU ZHONG W, YANG Z F, 2008. The eco-efficiency of lead in China's lead – acid battery system [J]. Journal of Industrial Ecology, 10 (2): 185-197.

NIAZI N K, SINGH B, SHAH P, 2011. Arsenic Speciation and phytoavailability in contaminated soils using a sequential extraction procedure and XANES spectroscopy [J]. Environmental Science &Technology, 45 (17): 7135-7142.

OK Y S, USMAN A R A, LEE S S, et al., 2011. Effects of rapeseed residue onlead and cadmium availability and uptake by rice plants in heavy metal contaminated paddy soil [J]. Chemosphere, 85 (4): 677-682.

PLAZ I, ONTIVEROS O A, CALERO J, et al., 2015. Implication of zeta potential and surface free energy in the description of agricultural soil quality: Effect of different cations and humic acids on degraded soils [J]. Soil and Tillage Research, 146: 148-158.

TU C, ZHENG C R, CHEN H M, 2000. Effect of applying chemical fertilizers on forms of lead and cadmium in red soil [J]. Chemosphere, 41 (1-2): 133-138.

VIOLANTE A, HUANG P M, GADD G M, 2008. Biophysico – chemical processes of heavy metals and metalloids in soil environments [J]. European Journal of Soil Science, 61 (1): 155-156.

XIN J, HUANG B, YANG Z, et al., 2010. Responses of different water spinach cultivars and their hybrid to Cd, Pb and Cd-Pb exposures [J]. Journal of Hazardous Materials, 175 (1-3): 468-476.

第九章　玉溪市砷污染耕地生产障碍修复技术模式

砷（As）是一种剧毒类金属元素，因矿山开采导致的稻田砷污染较为严重，土壤中砷易被水稻根部吸收并积累于籽粒中，危害人体健康。玉溪市部分耕地存在单一砷污染或砷镉复合污染等。关于重金属污染土壤的修复主要可以分为两种思路：一是以降低重金属的总量为目标，通过各种修复技术将土壤中的砷进行异位去除；二是以降低砷的生物毒性和迁移性为目的，通过各种修复手段改变污染元素在土壤中的赋存形态，将易迁移的生物有效态金属进行原位固定，从而阻碍其向周围环境和植物的迁移，以降低其所带来的风险。

第一节　低积累作物技术

植物对砷的吸收积累受外界环境因素和自身遗传特性的影响，在不同基因型间存在显著差异（胡莹等，2013）。水稻中砷的吸收、积累、敏感程度及砷迁移特征受遗传因素的严格控制，不同基因型水稻对砷吸收、转运及耐受性存在显著差异，水稻的砷代谢能力及其砷耐受能力还受环境因素的影响（Singh et al.，2015）。基于对水稻砷耐性和吸收遗传差异的进一步认识，砷低积累作物技术逐渐受到重视。

一、砷低积累作物调控机理

不同基因型植物由于自身遗传特性差异和受外界环境因素的影响，植物对砷的吸收积累存在显著差异（胡莹等，2013），其对砷吸收、转运、及耐受性存在显著差异（Hu et al.，2015）。不同基因型水稻材料根系对砷胁迫的响应存在显著差异，在砷处理下，水稻总根长，最长根长等根系形态指标受到抑制，不定根、木质化的外皮层细胞层随砷处理浓度的增加而增加，直径和侧根则随砷处理浓度的增加而减少（Hu et al.，2013）。在不同砷处理下，水稻光合作用受到抑制，且随着浓度的升高抑制作用增强。研究还发现，砷毒害下水稻光合作用相关酶活性均降低，且随着浓度的增加，影响程度增大（Kshirsagar et al.，2012）。砷胁迫下水稻的叶绿素合成受到抑制，导致叶绿素减少，致使光合作用关键酶合成减少，引起光合特性和叶绿素荧光参数降低，光合能力减低，干物质合成减少，导致植物生长减缓甚至停止（Godoy et al.，2013）。

不同基因型水稻由于遗传差异，其表型和组织结构存在差异，直接影响水稻各器官对砷吸收、转运、积累，其积累量表现为杂交水稻>常规水稻>水稻育种材料。据有关学者研究不同基因型水稻材料对砷的吸收、积累存在显著差异（Nath et al.，2015）。水稻不同部位砷含量比为根∶茎∶籽粒为 80∶15∶1（孙兴强，2012），砷进入水稻根部后，与细胞质或液泡中相关蛋白质等大分子物质螯合、形成不溶大分子物质被排出细胞或固定在细胞壁或液泡中，导致砷含量在根部最多，且水稻品种各部位之间均存在显著差异，这种分配关系在各砷处理下均存在（马艳红等，2013）。说明砷向糙米的迁移率是基因型差异而与砷吸收能力无关，这说明筛选和培育籽粒砷低积累材料，不仅是可行的，也是在轻、中度金属污染农田上持续稻米安全生产的一条经济有效的途径。

土壤中砷的活性可以通过水稻对砷的吸收来反映，水稻根系通过硅酸盐或磷酸盐吸收途径吸收砷（Wu et al.，2011）。水稻能从土壤中大量获取硅酸盐和磷酸盐，从而也大量积累砷化合物。正是由于在还原条件存在硅酸盐—亚砷酸根的同化途径，导致水稻籽粒砷积累远高于旱作作物（Zhao et al.，2012）。水稻体内的砷进行代谢、络合、共质体运输、亚细胞分配、木质部运输到地上部，并在灌浆期间活化通过韧皮部转移向籽粒。砷化合物抑制 ATP 的形成、产生氧化应激、与蛋白巯基基团间结合以及磷酸化（Oliveira et al.，2015）。这种毒性机理导致粮食产量减少，进一步增加了水稻中砷含量。

砷和磷在元素周期表属于同一个族（VB），因此，植物的膜转运蛋白不能区分磷和砷，植物根细胞通过磷转运蛋白吸收砷。磷酸盐与砷离子竞争相同的转运蛋白能有效地抑制在植物对砷的吸收（Abedin et al.，2002）。相反，缺磷条件能增强植物对砷酸盐和磷酸盐的吸收，这是因为低磷条件促进磷转运蛋白基因表达导致膜转运蛋白的增加（Han et al.，2015）。有关磷酸盐转运突变体的研究证明砷与磷共享磷酸盐吸收途径，当磷转运蛋白基因突变时，突变植物更容易吸收砷酸盐（Lou et al.，2015）。现在主要研究方向在水稻不同的磷酸盐转运蛋白对砷的吸收和运输具体作用机理，以及他们是否存在对砷酸盐和磷酸盐的相对亲和力不同。

水稻在厌氧条件下产生一些独特的吸收砷的机制，并将它们转运到籽粒

(Williams et al., 2007)。水稻主要通过根系主动和被动吸收土壤中的砷, 而砷在环境中的形态复杂多变, 水稻对不同形态砷的吸收、转运的通道不同。一般来说, 水稻对各形态的砷的吸收顺序为: 三价砷>甲基砷>五价砷>二甲基砷。目前已知的植物物种均能够快速将五价砷还原成三价砷。所以三价砷作为往往是在植物中砷的主要存在形态。例如, 水稻在 10 mmol 五价砷水培 1 d 后, 水稻根系中含有三价砷 92% 和五价砷 8%。一般来说, 地上部三价砷所占比例大于地下部, 这可能与地上部比地下部能够更快速的还原五价砷有关。五价砷从磷酸盐转运和代谢途径还原为三价砷, 巯基或蛋白质对三价砷具有较高亲和力, 这个过程使植物更容易通过络合砷解毒 (Farooq et al., 2016)。

二、砷低积累作物选育方法

水稻砷高耐性低积累材料的筛选和培育是国内外主要研究方向之一, 目前主流方法是通过研究水稻在砷处理下萌发率、根长等耐性指标获取砷高耐性材料, 这是由于不同耐性水稻材料在砷处理下对中微量营养元素的吸收具有显著差异 (Adhikari, 2009), 目前已有通过耐性筛选获取适宜在孟加拉国砷污染区域种植的水稻的先例; 在印度也存在成功进行水稻砷低积累材料的筛选, 获取了适宜在砷轻、中度污染农田上种植的水稻 (Devend, 2017)。同时也证明通过筛选和培育籽粒金属低积累材料, 不仅是可行的, 也是在轻、中度金属污染农田上持续稻米安全生产的一条经济有效的途径。

三、砷低积累作物品种

(一) 砷低积累水稻

稻米是人体摄入砷的主要来源, 因此控制稻米中的砷含量具有重大意义。中国是受砷污染最严重的国家之一。不同品系的水稻中, 在砷污染地区种植的杂交稻根长、株高和干物质量均高于常规稻, 杂交水稻比常规水稻对砷有更强的吸收能力, 并且杂交稻能够将更多的砷, 从根系转移到地上部 (王玉峰, 2017)。

根据稻米中砷存在的不同形态, 可以将稻米分为二甲基砷型稻米和无机砷型稻米, 据推测无机砷型稻米存在的潜在危害比二甲基砷型稻米要高。与其他粮食作物相比, 水稻更容易吸收和积累砷。水稻的砷低积累品种有: 恒丰优粤禾丝苗、荃优 822、甬优 1540、隆晶优 534、隆晶优华占、广 8 优粤禾丝苗, 砷高积累品种有: 甬优 12。

(二) 砷低积累玉米

玉米是云南省的主要粮食作物，也是重要的饲料和工业原料，在部分贫困的山区还是老百姓的主食（李雁，2015）。玉米是较好的耐性植物，在受重金属严重污染的土壤上能正常生长，具有较强的耐性（Florijn，1993）。筛选重金属低积累、高产量和高质量的玉米品种是在中、轻度重金属污染土壤上持续安全生产的一条现实可行的途径。

理想的砷低积累玉米应同时具备以下特征：该植物的地上部和地下部重金属含量均很低或者其可食部位重金属含量低于国家相关标准；该植物对重金属的积累量小于土壤中该重金属的浓度（即富集系数<1）；该植物从其他部位向可食部位转运重金属能力较差（即转运系数<1）；该植物对重金属毒害具有较高的耐受性，在较高浓度重金属污染下能够正常生长，且生物量无明显下降。重金属胁迫可导致玉米生理代谢紊乱，使其正常生长受到抑制，因此，玉米的株高、叶面积、生物量及产量的变化均可作为玉米对重金属耐性指标。目前已成功筛选出的砷低积累玉米品种有云瑞88、云瑞220、云瑞6号和云瑞10号等（杜彩艳等，2017）。

四、玉溪市砷低积累作物筛选

玉溪市种植制度习惯上分大春和小春作物种植，大春作物指的是春夏季种植的作物，一般生育期为5—9月，主要包括水稻、玉米、薯类、大豆和小杂粮。小春是指相对于大春而言，第一年10月至翌年4月左右，主要包括小麦、蚕豆、豌豆、冬季栽培的玉米等。根据不同作物种间对于重金属的吸收存在差异，以富集系数为筛选指标（富集系数=作物中的重金属含量/土壤中的重金属含量），进行玉溪市镉低积累作物筛选，富集系数越低，农作物吸收重金属的能力越弱。

（一）砷低积累大春作物筛选

玉溪市开展砷积累作物筛选试验，选择的大春作物有大豆和南瓜两种，是当地的主导蔬菜品种，有一定的种植面积和规模。研究发现，大豆的砷富集系数较低，为0.000 5；南瓜的砷富集系数较高，为0.000 6。详见图9-1。

通过比较这两种作物的砷富集系数，玉溪市在砷污染耕地上适宜种植的砷低积累大春作物为大豆。

（二）砷低积累小春作物筛选

玉溪市开展砷积累作物筛选试验，选择的小春作物只有洋葱一种，其砷富集系数较低，为0.000 2，可以在砷污染耕地上进行种植。

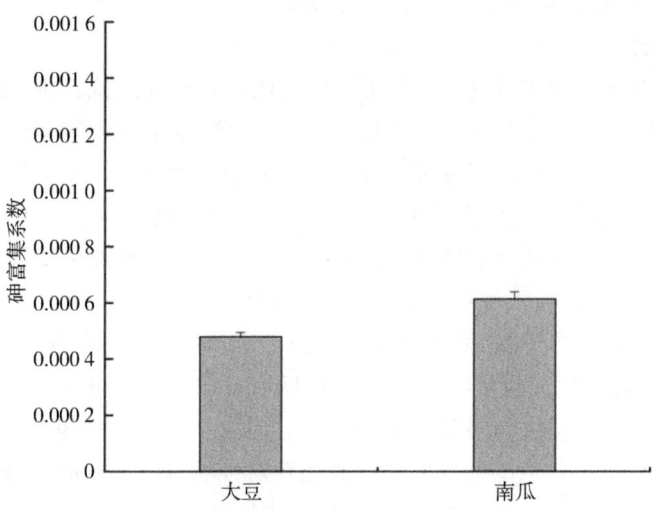

图 9-1 大春作物的砷富集系数

第二节 优化施肥技术

施化肥和有机肥是粮食增产的有效措施,然而,长期施化肥和有机肥均会导致砷在土壤甚至农作物中累积。土壤中矿物和有机组分均可以对砷产生一定程度的固定作用,并形成不同形态的 As;但不同施肥处理可以影响土壤对砷的固定能力。砷在不同土壤中的毒性和生物有效性差异较大,通常砷化物毒性为 AsH_3>As(Ⅲ)>As(Ⅴ)>一甲基砷(MMA)>二甲基砷(DMA),土壤中无机态的砷具有较高的毒性,且三价砷的毒性比五价砷高 20~60 倍,因此改善施肥结构,优化施肥方式对控制耕地砷污染状况,降低作物对砷的吸收和积累具有很好的效果。

一、优化施肥技术调控机理

植物根系吸收无机砷的形式主要是砷(Ⅴ)和砷(Ⅲ),其中砷(Ⅲ)的生物化学性质与硅酸类似,可以经过硅转运系统被植物吸收(Lena et al.,2001)。由于硒与砷(Ⅲ)共用相同的硅转运系统,因此它们之间存在着竞争关系(Bogdan et al.,2008)。三价砷与硅化学结构相似,因此硅可以竞争性地抑制植物根系对三价砷的吸收,同时还可以提高水稻的生物量(王玉峰,

2008)。在砷胁迫的环境下加入硅,可以改善抗氧化酶系统清除部分活性氧,降低胁迫引起的膜酯化氧化反应(石孟春,2008)。

有氧条件下,砷酸盐(V)是土壤中砷的主要存在形式,由于砷酸盐与磷酸盐(P)有相似的化学性质,因此砷(V)会通过植物磷转运通道被植物吸收(Dixon,1996)。有研究发现,在酸性的紫色土壤中,水稻根际土壤中砷浓度高于非根际土壤,且在施加磷后,砷污染的酸性紫色土壤中砷对水稻的毒害可以得到缓解,选择适合的磷/砷能够最大限度地降低砷对作物的毒害(张广莉和宋光煜,2000)。土壤中磷促进植物对砷的吸收主要原因是磷竞争性的抑制土壤中砷(V)与土壤颗粒的吸附,以及植物根系对砷的吸附(Bolan et al.,2013)。虽然在土壤系统中,添加磷后有助于砷的释放和提高其移动性,但是却竞争性地抑制植物根系对砷的吸收。因此,土壤中砷的植物利用率依赖于土壤中砷移动性和磷竞争性抑制植物根系对砷的吸收。在向土壤中浇灌不同浓度的砷溶液和添加磷后,降低了小麦对砷的吸收率(Karimi et al.,2015),然而较高的磷肥会改变土壤的氧化还原条件,导致小麦对砷的吸收增加(Brackhage et al.,2015)。

硒(Ⅳ)与砷(Ⅴ)竞争磷酸盐转运通道,硒(Ⅳ)与砷(Ⅲ)竞争水通道蛋白(Jian et al.,2008)。外源硒的添加能够使腐殖酸态砷增多,促进其向残渣态砷转化,从而降低砷的生物有效性,减少植物砷吸收(曾宇斌,2016)。硒酸根离子与亚硒酸根离子与土壤中砷酸根离子和亚砷酸根离子存在竞争吸附位点的作用(蔡苗苗,2021)。

二、优化施肥技术选用

施硅能够显著降低水稻植株对砷的吸收,降低高砷土壤中水稻幼苗根系和地上部砷浓度(郭伟等,2006)。所以,在水稻的生长环境中外源添加硅,可以降低水稻对砷的吸收和转运,从而减少水稻籽粒中的砷含量(石孟春,2008)。

磷、砷属于同族元素,物理化学性质相似,土壤中的磷和砷之间存在着相互作用关系,两者均可竞争同一吸附位点。磷浓度变化可影响土壤中砷的吸持和解吸过程,提高磷浓度可降低土壤对砷的吸持能力。施用磷肥往往可能会通过磷与土壤 Fe、Al 矿物的相互作用或通过伴随离子的影响、pH 值的变化等过程影响土壤对砷的吸附(Goh,2003),从而间接影响土壤中有效态砷含量。此外,磷又是作物生长所必需的大量元素之一,磷肥的大量施用对促进农业生产也有重要的意义。

三、玉溪市优化施肥技术应用

玉溪市在涉及砷污染的耕地上开展的试验优化施肥技术试验，种植的作物为洋葱，详见图9-2。在未采取措施的情况下，洋葱的砷富集系数为0.002 6，采取优化施肥措施后洋葱的砷富集系数为0.001 4，其砷富集系数下降44.57%，优化施肥对控制洋葱的砷富集的效果比较明显。

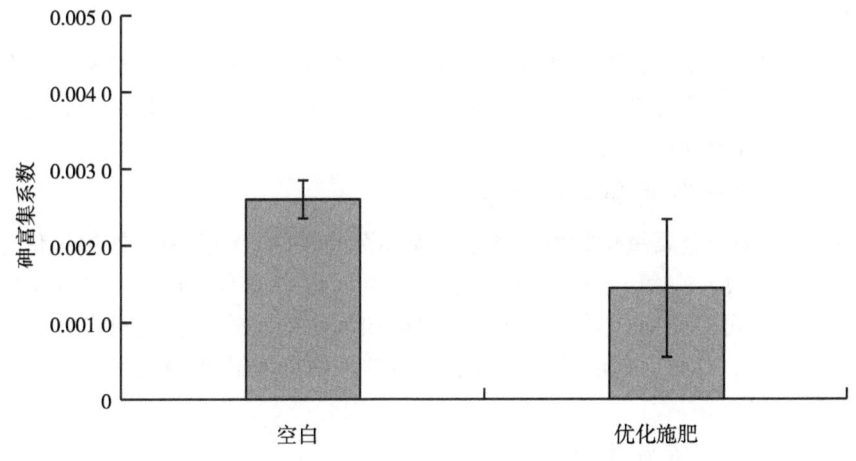

图9-2 优化施肥条件下种植作物洋葱的砷富集系数

第三节 原位钝化技术

修复土壤重金属污染的常见方式通过向污染土壤中添加修复剂，改变土壤中的重金属的形态，降低重金属的生物有效性，钝化重金属，从而降低重金属对健康造成的风险，达到土壤的安全利用。

一、钝化技术机理

砷同时具有金属性和准金属性，但因其高毒性和无法自然降解而在环境科学中经常被认为是重金属。在自然界中，砷大多以硫化物的形式伴生于铜、铅、锌、锡、镍、金与钴矿中，或与铁、铝、锰的氧化物和氢氧化物、黏土矿物、磷酸盐和碳酸盐矿物结合。因此，矿业活动常会引发环境砷污染问题。此外，燃煤、木材处理过程中砷的释放及含砷化学品（除草剂、杀虫剂、防腐剂和肥料等）在环境中的长期积累也是造成砷污染与砷危害的重要原因（宋波，2017）。事实上，砷在生物体、空气、水体、土壤、沉积物中无处不在，它是一种强有力的环境污染物和人类致癌物，尤其是在水介质中（Abejón，2015）。土壤砷污染不仅影响土壤肥力、作物产量和品质，且会通过食物链的生物放大作用对人体健康产生威胁。土壤中的砷可进入水体，特别是雨季会加速表层土壤细粒中砷的迁移率（Martin，2015），从而影响地下水与地表水质量。砷主要以高毒性的无机砷酸盐（AsⅤ）或亚砷酸盐（AsⅢ）的形式存在。砷（Ⅴ）是磷酸盐的类似物，当其存在干扰到生命活动中必需的磷酸盐参与过程（例如 ATP 合成）时，会产生强烈的毒性。

不同钝化修复材料对砷的钝化过程差别很大，反应机制也十分复杂，明确不同钝化修复材料对砷在土壤中的钝化修复机制对于评价钝化修复材料的效果和持久性具有十分重要的意义。

（一）络合作用和点位竞争

砷主要是与金属氧化物发生离子交换和沉淀作用。砷酸根与铁铝氧化物表面的 OH^- 交换，在氧化物表面形成稳定的双齿双核结构的复合物（Luo，2010）。砷也可以被双金属氧化物（氧化铝和氧化镁）固定在层间或表面（林志灵，2013）。此外，磷酸盐和硅酸盐能与砷酸根或亚砷酸根竞争活性吸附位点（Fu，2017）。

（二）氧化还原作用

砷容易受氧化还原反应的影响，三价砷易迁移活性和毒性都远高于五价砷，所以将三价砷氧化为五价砷是钝化砷的途径之一。例如使用含氧化铁的污泥进行砷的田间修复，发现其施用后土壤中砷主要以五价砷的形式存在（Ko，2015）。此外在土壤中砷作为微生物新陈代谢的电子终端接受者，会将三价砷氧化为五价砷（Thayer，1982）。

（三）甲基化和去甲基化

甲基化指通过生物或化学机制将土壤中砷转化为甲基衍生物而蒸发去除（čerňansk，2009）。有机废弃物中含高度腐殖化的有机质和微生物，微生物在土壤中是生物甲基化的主导者，有机物质提供甲基源。甲基化的衍生物很容易从细胞中排泄出来，且具有挥发性，促进砷形成毒性较小的有机砷（Bolan，2014）。

二、钝化剂种类

重金属的生物有效性与其存在形态有关（Tessier，1979），化学修复是指在土壤中添加钝化修复材料，改变重金属的赋存状态（Guo，2006），降低其在土壤中的迁移性和生物有效性，从而达到修复污染土壤的目的。目前，常用的钝化修复材料主要有无机类和有机类钝化剂。无机类包括磷酸盐类、金属及其氧化物；有机类包括生物炭类、有机酸等；除了这些常见钝化修复材料外，还有一些新型修复材料，这些材料具有较高的吸附性能，但目前相关使用案例较少，例如功能膜材料、介孔材料、植物多酚类物质和石墨烯材料等。

（一）无机类修复材料

无机类修复材料主要包括磷酸盐类钝化剂和金属及其氧化物两类。磷酸盐类钝化剂包括磷酸盐、羟基磷灰石、磷矿粉、磷石膏和磷肥等。其修复机理主要是通过与砷形成难溶性磷酸盐沉淀以及其对砷的表面吸附作用。殷飞等（2015）发现在土壤中加入磷矿粉后，土壤中钙型砷含量增加，这可能是磷矿粉中的钙对砷起到了钝化修复效果，显著降低了砷的生物有效性。

金属及其氧化物主要指零价铁及含铁、锰和铝的氧化物，其钝化机理主要是吸附和共沉淀作用，这类钝化材料有零价铁、水铁矿、赤铁矿、磁铁矿、针铁矿、硫酸亚铁和赤泥等，而铁和铝类金属氧化物最高可降低土壤中64%的有效砷含量（林志灵，2013）。

（二）有机类修复材料

有机类修复材料主要包括生物炭和有机酸等。生物炭指生物质在缺氧或无氧条件下热裂解得到的一类含碳的、稳定的、高度芳香化的固态物质，可与土壤重金属发生吸附、络合、沉淀和离子交换等系列反应使之钝化。使用生物炭和 AlOOH 纳米复合材料混合，对砷（V）的吸附量达到 1.7 g/kg；Mn/Ni 层状双氢氧化物改性生物炭因其较大的阴离子交换量和表面螯合能力对砷（V）的吸附量达到 7 g/kg。

一些有机酸可以有效钝化重金属，但同时也存在重新活化重金属的风险（杨海琳，2010）。天冬氨酸、半胱氨酸和琥珀酸 pH 值在 3 或 5 时促进砷的钝化（Wang，2013），而 pH 值在 7 以上则会增强砷的迁移性。而在柠檬酸、草酸和苹果酸存在下，软木生物炭表面发生的质子化反应会促进砷的吸附（Alozie，2018）。

三、原位钝化技术应用

（一）水稻上原位钝化技术应用

砷可以通过水稻秸秆和稻米经食物链进入动物和人体。水稻是南亚和东南亚的主要粮食产物，食用稻米和饮用水是摄入砷的主要途径（Li，2011）。相比其他谷物，稻米及其副产品的食用可能导致摄入过量的无机砷，对人体健康造成损害。由于水稻生长期间的间歇性淹水排水和水稻生理生态特性，不论是在砷污染与否的土壤中，水稻谷粒中积累的砷比其他谷物都要高，大约是其他谷物砷含量的10倍（Su，2010）。目前对于水稻有效的钝化剂包括磷酸类、硫素、硅肥以及微生物肥料等。

向砷污染土壤中施用磷酸氢二钠和羟基磷灰石，均显著提高了土壤pH值，活化了土壤中的砷，降低了稻米中砷的含量（雷鸣，2014）。邹丽娜等（2018）通过向砷污染土壤中添加多种硫素，降低了土壤中As的有效态含量，使得水稻中的As积累量显著降低。硅是水稻的重要养分，三价砷主要是通过硅酸盐吸收途径进入植物体内，利用硅与砷的竞争机制，施用硅肥也可以有效抑制水稻对砷的吸收（Li，2009）。运用微生物也是目前发展较为迅速的新型砷污染土壤修复技术，微生物是影响土壤中砷氧化、还原和甲基化的主要驱动力之一，微生物对砷的氧化和甲基化作用均可以将As（Ⅲ）氧化成毒性和生物有效性更低的As（V）（黄思映，2021）。

（二）小麦上原位钝化技术应用

小麦籽粒对砷的累积能力要远低于水稻，但小麦籽粒中砷的形态为无机砷，而无机砷对人体的毒害作用非常大，远高于水稻中的有机二甲砷（史高玲，2021）。硅肥和磷肥是目前可行的降低小麦中砷含量的钝化修复材料。

硫是巯基和双硫键的重要组成元素，增加小麦对硫的吸收可以促进作物体内谷胱甘肽的合成，从而降低砷向小麦可食用部位的转移，降低小麦籽粒中砷的含量。磷强烈地影响着土壤和微生物中As的代谢，磷存在着对小麦中的As的吸附竞争，能够抑制小麦对As的吸收，降低毒性。

（三）蔬菜上原位钝化技术应用

土壤中的砷通过诸多作用直接或间接地影响蔬菜的生长情况及产量。砷进入植物细胞后，叶绿素生成受到抑制，叶片失绿导致光合作用降低；植株中酶的活性被抑制导致蛋白质的合成受阻，直接影响植株呼吸作用；伤害细胞膜系统抑制植物细胞的生长和分裂，植株变矮、作物减产等都是砷元素给蔬菜带来的一系列直接或间接影响。有关研究表明，多种常见蔬菜在砷的作用下，其生物量都会显著降低（樊霆，2013）。常见的无机钝化剂包括赤泥、硅肥、钾肥、钙肥磷肥、粉煤灰或改性粉煤灰、黏土矿物、拮抗物质等；有机钝化剂主要来源于有禽畜粪便、作物秸秆、泥炭、豆科绿肥和堆肥等。袁矗（2017）通过使用包括赤泥、活性炭在内的多种钝化剂有效降低了土壤中有效砷含量，使蔬菜生长指标与产量指标均显著增加。

四、玉溪市原位钝化技术应用

玉溪市在涉及砷污染的耕地上开展的原位钝化技术试验，种植的作物为洋葱。从富集系数来看，空白对照条件下洋葱的砷富集系数为 0.002 6，原位钝化后洋葱的砷富集系数为 0.001 3。原位钝化对砷富集系数的影响见图 9-3。原位钝化后洋葱的砷富集系数下降 49.15%，原位钝化对控制洋葱砷富集的效果比较明显。

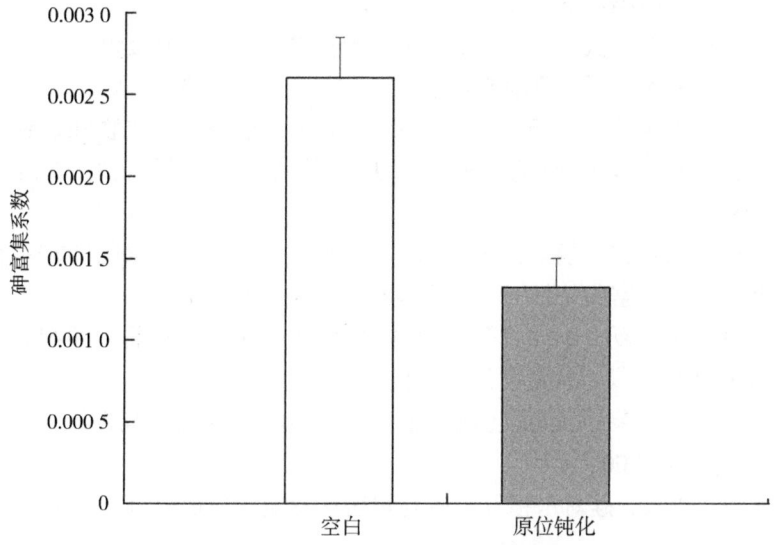

图 9-3 原位钝化对洋葱砷富集系数的影响

参考文献

白荣辉, 2021. 8 个水稻品种对土壤重金属的富集特性初探 [J]. 中国农技推广, 37 (6): 81-84.

蔡苗苗, 2021. 硒对铬污染土壤上小白菜生长与铬吸收的调节及其根际过程研究 [D]. 武汉: 华中农业大学.

曾宇斌, 2016. 土壤添加硒对大豆拮抗重金属的影响 [D]. 广州: 华南理工大学.

杜彩艳, 张乃明, 雷宝坤, 等, 2017. 砷、铅、镉低积累玉米品种筛选研

究 [J]. 西南农业学报（1）：5-10.

樊霆, 叶文玲, 陈海燕, 等, 2013. 农田土壤重金属污染状况及修复技术研究 [J]. 生态环境学报, 22 (10): 1727-1736.

郭伟, 朱永官, 梁永超, 等, 2006. 土壤施硅对水稻吸收砷的影响 [J]. 环境科学 (7): 1393-1397.

黄思映, 杨旭, 钱久李, 2021. 等微生物影响稻田土壤中砷转化研究进展 [J]. 土壤, 53 (5): 890-898.

雷鸣, 曾敏, 廖柏寒, 等, 2014. 含磷物质对水稻吸收土壤砷的影响 [J]. 环境科学, 35 (8): 3149-3154.

李雁, 肖植文, 伏成秀, 等, 2015. 云南28个玉米杂交组合主成分分析及综合评价 [J]. 西南农业学报, 28 (1): 34-40.

林志灵, 曾希柏, 张杨珠, 等, 2013. 人工合成铁、铝矿物和镁铝双金属氧化物对土壤砷的钝化效应 [J]. 环境科学学报, 33 (7): 1953-1959.

刘文菊, 朱永官, 胡莹, 等, 2008. 来源于土壤和灌溉水的砷在水稻根表及其体内的富集特性 [J]. 环境科学 (4): 862-868.

马艳红, 于肖夏, 于卓, 等, 2014. 四倍体杂交冰草新品系的细胞学鉴定及SSR分析 [J]. 麦类作物学报, 34 (2): 187-193.

尚爱安, 刘玉荣, 2000. 土壤中重金属的生物有效性研究进展 [J]. 土壤 (6): 294-300, 314.

石孟春, 2008. 硅对水稻砷吸收与毒害的影响效应研究 [D]. 南宁：广西大学.

史高玲, 周东美, 余向阳, 等, 2021. 水稻和小麦累积镉和砷的机制与阻控对策 [J]. 江苏农业学报 (5): 1333-1343.

宋波, 刘畅, 陈同斌, 2017. 广西土壤和沉积物砷含量及污染分布特征 [J]. 自然资源学报, 32 (4): 654-668.

孙兴强, 周勇军, 陆永良, 等, 2012. 两种生物型江都杂草稻不同栽播密度对水稻生长的影响及其与栽培稻的亲缘关系 [J]. 中国水稻科学, 26 (1): 118-222.

王玉峰, 2017. 砷低积累型水稻品种的筛选及硅对水稻砷吸收和转运的影响 [D]. 南京：南京农业大学.

吴月燕, 陈赛, 张燕忠, 等, 2009. 重金属胁迫对5个常绿阔叶树种生理生化特性的影响 [J]. 核农学报, 23 (5): 843-852.

席玉英, 李峰, 1989. 铬砷在土壤和作物体内积累与迁移规律的研究

[J]. 山西大学学报（自然科学版）(4): 472-480.

杨海琳, 廖柏寒, 2010. 低分子有机酸去除土壤中重金属条件的研究 [J]. 农业环境科学学报, 29 (12): 2330-2337.

殷飞, 王海娟, 李燕燕, 等, 2015. 不同钝化剂对重金属复合污染土壤的修复效应研究 [J]. 农业环境科学学报, 34 (3): 438-448.

袁鑫, 2017. 镉、砷污染土壤改良剂修复后的蔬菜种植安全评估体系构建与应用研究 [D]. 长沙: 湖南农业大学.

张广莉, 宋光煜, 赵红霞, 2000. 磷影响下砷的根际效应及其对水稻生长的影响 [J]. 重庆环境科学 (5): 66-68.

邹丽娜, 戴玉霞, 邱伟迪, 等, 2018. 硫素对土壤砷生物有效性与水稻吸收的影响研究 [J]. 农业环境科学学报, 37 (7): 1435-1447.

ABEJÓN R, GAREA A, 2015. A bibliometric analysis of research on arsenic in drinking water during the 1992-2012 period: An outlook to treatment alternatives for arsenic removal [J]. Journal of Water Process Engineering, 6: 105-119.

ALOZIE N, HEANEY N, LIN C, et al., 2018. Biochar immobilizes soil-borne arsenic but not cationic metals in the presence of low-molecular-weight organic acids [J]. Science of the Total Environment, 630: 1188-1194.

BOGDAN K, SCHENK M K, 2008. Arsenic in Rice (*Oryza sativa* L.) Related to Dynamics of Arsenic and Silicic Acid in Paddy Soils [J]. Environmental Science & Technology, 42 (21): 7885-7890.

BOLAN N, KUNHIKRISHNAN A, THANGARAJAN R, et al., 2014. Remediation of heavy metal (loid) s contaminated soils to mobilize or to immobilize [J]. Journal of Hazardous Materials, 266 (4): 141-166.

BOLAN N, MAHIMAIRAJA S, KUNHIKRISHNAN A, et al., 2013. Phosphorus-arsenic interactions in variable-charge soils in relation to arsenic mobility and bioavailability [J]. Science of The Total Environment, 463-464: 1154-1162.

BRACKHAGE C, HUANG J H, SCHALLER J, et al., 2015. Readily available phosphorous and nitrogen counteract for arsenic uptake and distribution in wheat (*Triticum aestivum* L.) [J]. Scientific Reports, 4 (1): 4944.

ČERŇANSKÝ S, KOLENČÍK M, ŠEVC J, et al., 2009. Fungal volatilization of trivalent and pentavalent arsenic under laboratory conditions [J]. Bioresource Technology, 99 (2): 1037-1040.

DAR P, CURNOW K J, GROSS S J, et al., 2014. Clinical experience and follow-up with large scale single-nucleotide polymorphism-based noninvasive prenatal aneuploidy testing [J]. American Journal of Obstetrics & Gynecology, 211 (5): 527.

DUAN G, HU Y, LIU W, et al., 2011. Evidence for a role of phytochelatins in regulating arsenic accumulation in rice grain [J]. Environmental and Experimental Botany, 71: 416-421.

FLORIJN P J, BEUSICHEM M L, 1993. Uptake and distribution of cadmium in maize inbred lines [J]. Plant & Soil, 150 (1): 25-32.

FU D, HE Z, SU S, et al., 2017. Fabrication of o - FeOOH decorated graphene oxide-carbon nanotubes aerogel and its application in adsorption of arsenic species [J]. Journal of Colloid and Interface Science, 505: 105-114.

GODOY P, HEWITT N J, ALBRECHT U, et al., 2013. Recent advances in 2D and 3D in vitro systems using primary hepatocytes, alternative hepatocyte sources and non-parenchymal liver cells and their use in investigating mechanisms of hepatotoxicity, cell signaling and ADME [J]. Arch Toxicol, 87: 1315-1330.

GOH K H, LIM T T, 2004. Geochemistry of inorganic arsenic and selenium in a tropical soil: effect of reaction time, pH, and competitive anions on arsenic and selenium adsorption [J]. Chemosphere, 55 (6): 849-859.

GUO G, ZHOU O, MA L O, 2006. Availability and assessment of fixing additives for the in situ remediation of heavy metal contaminated soils: A review [J]. Environmental Monitoring and Assessment, 116 (23): 513-528.

JIAN F M, YAMAJI N, MITANI N, et al., 2008. Transporters of arsenite in rice and their role in arsenic accumulation in rice grain [J]. Proceedings of the National Academy of Sciences of the United States of America, 105 (29): 9931-9935.

KARIMI N, PORMEHR M, GHASEMPOUR H R. Interactive effects of arsenic and phosphorus on their uptake by wheat varieties with different arsenic and phosphorus soil treatments [J]. 2014.

KO M S, KIM J Y, PARK H S, et al., 2015. Field assessment of arsenic immobilization in soil amended with iron rich acid mine drainage sludge

[J]. Journal of Cleaner Production, 108: 1073-1080.

Lena Q, Kenneth M, Komar M, et al., 2001. A fern that hyperaccumulates arsenic [J]. Nature, 409 (6820): 579.

Li G, Sun G X, Williams P N, et al., 2011. Inorganic arsenic in Chinese food and its cancer risk [J]. Environment International, 37 (7): 1219-1225.

Li R Y, Stroud J L, Ma J F, et al., 2009. Mitigation of arsenic accumulation in rice with water management and silicon fertilization [J]. Environmental Science and Technology, 43 (10): 3778-3783.

Luo L, Zhang S, Shan X, et al., 2010. Arsenate sorption on two Chinese red soils evaluated with macroscopic measurements and extended X-ray absorption fine-structure spectroscopy [J]. Environmental Toxicology and Chemistry, 25 (12): 3118-3124.

Martin M, Stanchi S, Jakeer Hossain K M, et al., 2015. Potential phosphorus and arsenic mobilization from Bangladesh soils by particle dispersion [J]. Science of the Total Environment, 536: 973-980.

Su Y H, McGrath S P, Zhao F J, 2010. Rice is more efficient in arsenite uptake and translocation than wheat and barley [J]. Plant and Soil, 328 (1/2): 27-34.

Tessier A, 1979. Sequential extraction procedure for the speciation of particulate trace metals [J]. Analytical Chemistry, 51 (7): 844-851.

Thayer S, Brinckman F E, 1982. The biological methylation of metals and metalloids [J]. Advances in Organometallic Chemistry, 20 (45): 313-356.

Tu C, Zheng C R, Chen H M, 2000. Effect of applying chemical fertilizers on forms of lead and cadmium in red soil [J]. Chemosphere, 41 (1-2): 133-138.

Wang S, Mulligan C N, 2013. Effects of three low-molecular-weight organic acids (LMWOAs) and pH on the mobilization of arsenic and heavy metals (Cu, Pb, and Zn) from mine tailings [J]. Environmental Geochemistry and Health, 35 (1): 111-118.

Williams P N, Villada A, Deacon C, et al., 2007. Greatly Enhanced Arsenic Shoot Assimilation in Rice Leads to Elevated Grain Levels Compared to Wheat and Barley [J]. Environmental Science & Technology, 41 (19): 6854-6859.

Zavala Y J, Duxbury J M, 2008. Arsenic in Rice: I. Estimating Normal Levels of Total Arsenic in Rice Grain [J]. Environmental Science & Technology, 42 (10): 3856-3860.

Zhao X Q, Mitani N, Yamaji N, et al., 2010. Involvement of silicon influx transporter OsNIP2; 1 in selenite uptake in rice [J]. Plant Physiology, 153 (4): 1871-1877.